新書

有馬哲夫
ARIMA Tetsuo

原発・正力・CIA

機密文書で読む昭和裏面史

249

新潮社

原発・正力・CIA——機密文書で読む昭和裏面史●目次

プロローグ　連鎖反応

一九五四年一月二一日のことだ。アメリカ東部コネティカット州のグロートンで一隻の船の進水式が行われていた。船の名前はノーチラス号。海軍関係者の間ではSSN571と呼ばれた。完成の後、アメリカが誇る世界初の原子力潜水艦になった。

その建造にあたったのは、ジェネラル・ダイナミックス社。以前はエレクトリック・ボートという社名で、潜水艦を主に作っていたが、この頃にはジェット戦闘機や大陸間弾道ミサイルや原子炉まで開発・製造する軍事産業に成長しつつあった。

政府や軍の要人を含む二万もの人々が見守るなか、ジェネラル・ダイナミックス社のジョン・ジェイ・ホプキンス社長は誇らしげにこのような式辞を述べた。「このノーチラス号はジェネラル・ダイナミックス社のものでも、ウェスティングハウス社のものでも原子力委員会のものでも、合衆国海軍のものでもありません。合衆国市民であるノー

ノーチラス号の進水式　提供・AP Images

チラス号はあなたたちのものです。この船はあなたたちの船なのです」

　引き続き関係者がそれぞれ挨拶《あいさつ》し、ドワイト・アイゼンハワー大統領夫人メイミーがシャンペンのビンを割ると、船は勢いよくテムズ川（イギリスのものとは別の、グロートンにある川）へと滑り出ていった。この模様はアメリカの三大放送網（NBC、CBS、ABC）に加え、ラジオ自由ヨーロッパ、ヴォイス・オヴ・アメリカ（VOA）などのプロパガンダ放送、『タイム』、『ライフ』、『ニューズウィーク』を始めとするニュース雑誌、三五紙を超える新聞や業界紙によって伝えられた。

今日の目から見ると、これが連鎖の始まりだった。日本への原子力導入はこの連鎖のなかで芽生え、方向づけられていったのだ。

このニュースの一ヶ月ほど後、原子力の負の面を示す決定的な事件が起こった。三月一日、アメリカが南太平洋のビキニ環礁で水爆実験を行なったところ、近くでマグロ漁をしていた第五福竜丸の乗組員がこの実験の死の灰を被ってしまった。第五福竜丸事件である。これによって広島・長崎への原爆投下で世界最初の被爆国になった日本は、水爆でも最初の被曝国になってしまった。

やがて日本全国に原水爆反対平和運動が巻き起こり、原水爆禁止の署名をした人々の数は三〇〇〇万人を超えた。これは日本の戦後で最大の反米運動に発展し、駐日アメリカ大使館、極東軍司令部（ＣＩＮＣＦＥ）、合衆国情報局（ＵＳＩＡ）、ＣＩＡを震撼させた。

これら四者は、なんとかこの反米運動を沈静化させようと必死になった。彼らは終戦後、日本のマスコミをコントロールし対日外交に有利な状況を作り出すための「心理戦」を担当していた当事者だったからだ。

反米世論の高まりも深刻な問題だが、実はそれだけではなかった。この頃国防総省は日本への核配備を急いでいた。ソ連と中国を核で威嚇し、これ以上共産主義勢力が東アジアで拡大するのを阻止するためだ。

そのために彼らが熱い視線を向けたのが讀賣新聞と日本テレビ放送網という巨大複合メディアのトップである正力松太郎だった。

ノーチラス号の進水から始まった連鎖は、第五福竜丸事件を経て、日本への原子力導入、ディズニーの科学映画『わが友原子力（原題 Our Friend the Atom）』の放映、そして東京ディズニーランド建設へと続いていく。その連鎖の一方の主役が正力であり、もう一方の主役がCIAを代表とするアメリカの情報機関、そしてアメリカ政府であった。

筆者はこの数年、アメリカ国立第二公文書館などでCIA文書を中心とする多くの公文書を読み解いてきた。なかでも「正力松太郎ファイル」と題されたCIA文書には従来の説を覆す多くの衝撃的事実が記されていた。

本書では、このような機密文書を含む公文書で知りえた事実を中心に据えつつ、日本の原子力発電導入にまつわる連鎖をできる限り詳細にたどってみたい。それによって、戦後史の知られざる一面を新たに照らし出したい。

第一章　なぜ正力が原子力だったのか

メディア王と原子力発電

日本への原子力平和利用導入でまず突き当たる疑問は、なぜ正力が原子力だったのかということだ。日本への原子力平和利用導入を思い立った一九五四年当時、正力は讀賣新聞社主にして日本テレビ放送網株式会社（以下「日本テレビ」とする）社長だった。

讀賣新聞は正力が一九二四年に発行部数わずか五万五二九六部の弱小紙を買取ったもので、数々の新機軸を打ち出して読者獲得に努めた結果、一九五四年の時点ではその部数を二〇五万九九五五部（いずれも正力の伝記『創意の人』から）まで拡大していた。

日本テレビのほうも、一九五二年一〇月に創設し、翌年八月から放送を開始していた。創設まもない民間放送会社とはいえ、全国的な放送網を持つＮＨＫと覇を争う存在だった。そもそも日本へのテレビの導入は、正力による日本テレビ創設の動きによって始まったのだ。この点で、正力は「テレビの父」と呼ばれる資格があった。

新聞社のオーナーだった正力がテレビに手をだすのは理解できる。同じマスメディアで広告媒体になるため相乗効果が期待できるからだ。

その昔、正力は他紙に先駆けて新聞にラジオ欄を設け、これを呼び物に購読者を増やした。これに気をよくした正力は民間ラジオ局の開設に動いたが、当時の官僚主義に阻まれて実現しなかった。このような正力がテレビ放送を始めようと考えたのは不思議ではない。

ところが、原子力平和利用導入のほうは、彼の打ち建てたメディア帝国にとってプラスになるものはない。確かにこれに関する会議や博覧会などをメディア・イヴェントとして盛り上げれば、それを取り上げた新聞が売れ、関心をもった視聴者がテレビ番組を見るかもしれない。だが、それだけだ。

原子力平和利用そのものは彼のメディア帝国に直接メリットをもたらすわけではない。ラジオやテレビの場合のようなメディア間の相乗効果は期待できない。

それなのに、なぜ正力が原子力だったのだろうか。

それは、偶然がいくつも重なってそこに至ったとしかいいようがない。正力の壮大な計画が挫折しそうになったとき、それと同時に大いなる政治的野望が芽生えたとき、たまたまそこにあったのが原子力だったのだ。

この「たまたま」も、プロローグで見たようなジェネラル・ダイナミックス社の台頭と第五福竜丸事件以後のアメリカ側の心理戦の見直しなどと重ならなければならなかった。

正力松太郎　提供・讀賣新聞社

そこで次に「原子力の父」になることを目指すにいたる正力側の事情を明らかにしていこう（この章で述べるマイクロ波通信網に関する経緯は、ＣＩＡ文書などアメリカの公文書をもとに筆者が明らかにした事実である。詳細は拙著『日本テレビとＣＩＡ——発掘された「正力ファイル」』〔新潮社〕に記したので、興味のある方はお読みいただければ幸いである）。

正力マイクロ構想

原子力に出会う前の正力にとって、最大の関心事はマイクロ波通信網の建設であった。これはテレビ導入のときからの正力の悲願だった。

マイクロ波とは波長がきわめて短い電波で、第二次世界大戦中にレーダーの開発により注目されるようになった。その後、音声、映像、文字、静止画像など大容量の情報を高品質で伝送できることがわかったため放送と通信にも用いられるようになった。

正力はこの通信網を全国に張り巡らせてテレビ、ラジオ、ファクシミリ（軍事用、新聞用）、データ放送、警察無線、列車通信、自動車通信、長距離電話・通信などの多重通信サーヴィスを行おうと計画していた。これはあらゆるメディアを一挙に手中にすることを意味する（本書では以下、この構想を「正力マイクロ構想」と記す）。

そしてこの野望をアメリカ政府もある程度後押しした。その結果、この通信網の一部として、そして日本初の民間テレビ放送局として、一九五三年八月二八日、現在の日本テレビは開局することになったのである。正式の社名が「日本テレビ放送網株式会社」になっているのはこの構想の名残である。

この当時、アメリカは日本が共産主義勢力の手に落ちないかという不安を持っていた。

そのため、日本においてＣＩＡを中心とした情報関係部局が心理戦を展開していた。アメリカにとって正力がテレビというメディアを所有することは望ましいことだった。というのも、正力は折り紙つきの反共産主義者だったからだ。かつて警視庁で共産主義者や無政府主義者を取り締まった部局のトップだったうえ、終戦後は讀賣新聞を労働組合に乗っ取られそうになったことがあった。

その一方、ＮＨＫは労働組合の力が強く、占領期ですらＶＯＡ（アメリカのプロパガンダ放送）番組を放送することに抵抗していた。朝鮮戦争勃発の直後には一一九人の職員がＧＨＱによってパージされたほどだった。しかも、日本国民の受信料で運営される公共放送であるため、アメリカのプロパガンダ番組を放送することは原則的にできなかった。番組枠を買いさえすればアメリカのＶＯＡ番組を放送できる民間放送局とは事情が違っていた。

このため、アメリカ（とくにＣＩＡ、心理戦局、国防総省）は様々な手を尽くして、日本テレビ開設を援助した。そこには当時の日本の吉田政権への働きかけも含まれていたのだ。そしてアメリカは「正力マイクロ構想」に対して一〇〇〇万ドルの借款《しゃっかん》を与えるという内諾もしていた。

アメリカの意向もあり（他のこみ入った事情についてはここでは省く）、吉田茂首相は日本テレビに一定の便宜を図った。テレビの方式にしてもＮＨＫと高柳健次郎が開発した独自方式ではなく、日本テレビに有利なアメリカの方式（五二五走査線三〇画面）を推したほどである。だが、吉田はそれ以上の協力、すなわち「正力マイクロ構想」まで後押しするつもりはなかった。

実は正力は「正力マイクロ構想」を実現したあと、それをさらにアジアに拡大する計画だった。つまり、日本テレビを開設したあと、時を移さず全国に二二の直営局を建設し、それをマイクロ波通信網で結んだ後、さらにこれをアジアの国々とリンクし、「太平洋ネットワーク」を作ることを夢見ていた。これはもともとアメリカが立案した反共産主義プロパガンダのための「冷戦のテレビネットワーク」の一部で、この部分を自らが担うことで、正力はアジアに覇を唱えようと考えたのだ。

正力にとって痛手だったのは、吉田が「正力マイクロ構想」反対に転じたことだ。それというのも一九五三年三月の「バカヤロー解散」以後、正力が吉田からの政権奪取を目指す鳩山一郎に肩入れし始めたからだ。

当時の与党である日本自由党は、もともと鳩山が終戦後立ち上げた政党だった。この自由党は一九四六年の総選挙で第一党になり、鳩山は政権の座に手をかけたのだが、組閣の直前にGHQによる公職追放で引きずりおろされてしまった。

ほかの党幹部も公職追放にからめとられる恐れがあったため、鳩山は涙を呑んで吉田に政権を託さざるを得なかった。事実、鳩山の番頭格の三木武吉も河野一郎も、石橋湛《たん》山《ざん》でさえ、そのあとに公職追放を受けている。

吉田のほかに候補者がいないわけではなかったが、引き受ける可能性があり、かつ占領期の絶対権力GHQに対して交渉力を持っているとの理由で彼に落ち着いた。彼はこの当時幣原《しではら》内閣の外務大臣だったが、その幣原喜重郎を総理大臣にするうえで力を振るったのも彼だったといわれている。

彼が戦争末期に和平派の近衛文麿や牧野伸顕などと組織した「ヨハンセン・グループ」で連絡役を務めるなど身の危険も顧みず和平工作を行ったことがGHQに対する大きな勲章になっていたのだ。

その後一九五一年に公職追放が解け、ようやく鳩山は政界に復帰したものの、吉田は政権を渡そうとはしなかった。このため鳩山は分派活動をして自分の作った党を除名されたかと思えば、その後すぐに復党し、またその後には党を離脱して日本民主党を作るということをしていた。

このような一見矛盾する動きに鳩山を駆りたてていたのは、吉田に託した政権を自らの手に取り返すという執念だった。

正力はといえば、鳩山が政権を握れば、自分が吉田から得てきた以上の利益にあずかれるという思惑から、一九五三年三月の「バカヤロー解散」以降、このような鳩山の政権奪取の動きを支援するようになっていた。

それでいながら、厚顔にも正力はマイクロ構想への支援を、すなわち一〇〇〇万ドル借款の政府承認を、吉田に求め続けた。それればかりか、自ら通信事業に参入できるよう公衆電気通信の免許さえ要求した。

それは、正力の一〇〇〇万ドル借款工作を現地アメリカで支援したウィリアム・キャッスルの一九五三年九月一四日付の日記からもわかる。キャッスルは駐日アメリカ大使や国務次官を歴任した親日派外交官で、当時も日本の政界とのパイプ役を務めていた。

正力が強気だったのは、自らが約二〇〇〇万部の発行部数を誇る讀賣新聞の社主で、言論界に大きな影響力を持っていたことに加え、アメリカ側、とくに共和党の有力者たちから支援を受けていたからだ。駐留アメリカ軍は日本列島を被《おお》うレーダーや航空管制システムなど防衛通信網の早急な整備を最優先課題とし、暫定的《ざんてい》に正力のマイクロ波通信網を使うことを計画していた。つまり、正力はアメリカの威を借りて吉田に承諾を迫っていたのだ。

当然、吉田は正力のこんな要求などはねつけた。そして、正力の一〇〇〇万ドル借款を阻止するための措置をとった。一九五三年七月二七日、当時電電公社総裁だった梶井剛に四年間で一〇〇億円の借款を外国の銀行に申し込むよう命令したのである（梶井剛の七月二七日付日記から）。公衆電気通信法によって電気通信事業は電電公社の独占とされていたので、公社が借款を獲得すれば、正力の借款に政府承認を与える理由はなくなるからだ。

W・キャッスル　提供・AP Images

そもそも吉田はアメリカの都合に合わせて日本が再軍備することに反対していた。正力のマイクロ構想はアメリカが日本に要求する再軍備、とくに航空兵力の拡充とも密接に結びついていた。だからこそ認めるわけにはいかなかった。

日本テレビの開局からしばらくたった一九五三年九月末、怪文書が出回り始めた。内容は次のようなものだった。

「正力は一〇〇〇万ドルの借款を得るために、アメリカ国防総省と密約を結び、自分が建設するマイクロ波通信網を軍事通信網としてアメリカに使用させようとしている。これは国家の根幹にかかわる放送・通信インフラを外国に売り渡すというにとどまらない。軍事兼用なので、有事の際はこの国民的ライフラインが真っ先に敵の攻撃にさらされる事態を招くことにもなる。これは到底許されることではない」

この怪文書は一一月六日の衆議院電気通信委員会でとりあげられ、一ヶ月後の一二月七日に正力が参考人招致を受けるというスキャンダルに発展した。これで、正力はそれ以上無理押しをすることができなくなった。

怪文書のもとになった情報は、アメリカ側を除けば、正力と吉田と彼らの側近以外には知りえなかったということから考えて、吉田自身がリークしたものと筆者は見ている。機会と動機の両方を持つのは彼しかいないからだ。これは、アメリカをバックにマイクロ波通信網建設に邁進《まいしん》する正力を国会の反対によって押しとどめようという吉田の苦肉の策だったのだ。国会が反対しているとなれば、民主主義を国是とするアメリカとしてはこれ以上ゴリ押しをするわけにはいかない。

このような膠着《こうちゃく》状態に痺《しび》れを切らしたアメリカは、一九五三年の終わりにアメリカ駐留軍用のマイクロ波通信回線の建設と保守を電電公社に委託することを決定した（この経緯は一九五四年一〇月七日の参議院電気通信委員会で明らかにされている）。こうしてアメリカは吉田に譲歩した。キャッスルは、その代わり吉田に正力との間で次の密約を新たに結ぶことを求めた（一九五四年二月二〇日付のキャッスル書簡から）。

（1）正力は吉田政権を支持する。
（2）吉田は正力がアメリカの輸出入銀行から受けようとしている一〇〇〇万ドル借款に国会の承認が得られるよう努力する。
（3）正力がこの借款で建設する日本全土を被うマイクロ波通信網の一部を自衛隊は軍用通信回線としてレンタルする。

自衛隊に通信回線をレンタルするという項目があるのは、それがなければ正力が借款に政府承認を求める理由がなくなるからだ。正力が建設しようとしているマイクロ波通信網は電話など通信サーヴィスにも使えるのだが、正力は放送免許だけで電気通信事業の免許を持っていない。

電電公社や自衛隊といった公共性の強い事業体や機関に回線をリースすることで公的に貢献をするのでなければ、そのような借款に政府の承認を与える理由はなくなる。したがって、正力のマイクロ波通信網を自衛隊の回線に使うという条項は、きわめて重要な意味をもっていた。ところが吉田はこれについては確約を避け、「国会レヴェルの祝福が与えられるよう努力する」とキャッスルに答えるにとどめた。これは正力のほうも約束を果たさなければ国会でつぶすという意味だった。つまり、鳩山派の政権打倒の動きに力を貸すなということである。

政界進出を決心させたもの

しかし、正力がこの密約を遵守《じゅんしゅ》したとはいいがたい。CIAがのちに得た情報は、一九五四年頃鳩山派が正力を自陣営に取り込み、讀賣新聞を使って打倒吉田キャンペーンを張らせるために、ある密約をしたことを明らかにしている（一九五五年八月六日付文書）。それは、打倒吉田に協力してくれれば、鳩山が政権を獲得したあかつきには正力に国務大臣の椅子を用意しようというものだった。そして、このように説得した一人として河野一郎の名を挙げている。

実は正力は若い頃から大政治家になる夢を持っていた。彼は一八八五年、富山県の土木業者の次男として生まれ、金沢の第四高等学校に入って柔道の猛者《もさ》としてならしたあと、東京帝国大学に進みドイツ法を修めている。卒業後内閣統計局を経て警視庁に入り、順調に出世を遂げて牛込神楽坂署長、官房主事、警務部長などを歴任している。

ところが正力が警務部長を務めていた一九二三年、虎ノ門で摂政宮暗殺未遂事件が起こり、警備の責任をとって翌年警視庁を辞職しなければならなくなった。傷心の彼がこのあと身を投じたのは新聞の世界だった。

というのも、この頃政治と新聞の結びつきはきわめて密接だった。政治家や政党が新聞を始めたり、あるいは既にある新聞に資金援助したりすることはよくあった。だから、新聞が特定の政党を支持する論陣を張るということも当たり前だった。発行部数がそれほど多いわけではなく、もともと新聞の論調を支持する人々が購読者なのでこういったことが可能だったのだ。

警視庁時代はかなりの幹部だったとはいえ、名家の出身でもない正力が普通の政治活動をしていて財界や政界にも認知されるような政治家にのしあがっていくことは容易ではない。だが、新聞を手に入れれば、自然に財界や政界や官界と結びつきができ、かつそれらにある程度の影響力を持つことは可能だった。

それに正力が警務部長になる前にしていたのは官房主事であり、この役職は、軍でいえば幕僚長にあたる役割を担っていた。

政治情報を集めるだけではなく、思想関係、労働関係、朝鮮半島関係、国際関係の情報収集、さらに政治家への工作までした。つまり、裏面から政治を動かす黒子だ。正力が黒子として知りえた裏情報は新聞社を経営していくうえでもいろいろ役立つはずだった。

こうして正力は一九二四年、前内務大臣の後藤新平から一〇万円の大金を借りて当時発行部数五万部ほどだった讀賣新聞を買収し、社長・社主になった。

讀賣新聞を立ち直らせるためにしばらく精力を傾けるが、それも軌道にのったのか、一九二八年には東京市会（現在の東京都議会）を牛耳っていた三木武吉と連携して東京市長（現在の都知事）を目指している。つまり、政界に打ってでようとしたのだ。

しかし、同年、京成電鉄の東京乗り入れに絡む京成疑獄事件に三木とともに連座し、禁錮四ヶ月執行猶予二年の刑を受けたため、この話はそれきりになってしまった。三木との関係はこのときからだ。

そして、一九三四年、同じような利権にからむ帝人事件で当時文部大臣だった鳩山とともに容疑者となった。正力は以前から鳩山と関係があったが、鳩山の証言のおかげでこの事件で不起訴を勝ち取ってからは前にも増して熱心な鳩山支持者となった。

このあと正力はしばらく政界からは遠ざかり、讀賣新聞を大きくすることに専念した。ときあたかも日中戦争に入っていく頃で、朝日新聞や毎日新聞に対抗して積極経営策をとった讀賣は大幅に部数を増やしていった。

戦争中は一九四四年に貴族院勅撰議員や内閣情報局参与になっている。これも一応政治への参画といえるだろう。

戦争が終結してからは、讀賣争議、巣鴨プリズンへの収監、公職追放、日本テレビ創設などでまさに息つく暇もなかった。大政治家になる夢は長らく棚上げされていた。

一九五四年になって気が付いてみると、鳩山は民主党総裁、親友三木は同党の総務会長、ライバル朝日新聞主筆の緒方竹虎は自由党総裁、朝日新聞のヒラ記者だった河野も鳩山の右腕として急速に力をつけていた。

三木はガンで余命いくばくもなかったが、鳩山は政権を手に入れつつあった。緒方も政権を狙っていたし、河野でさえ手をのばせば届きそうなところまできていた。正力の心が穏やかなはずはなかった。その心の底を見透かすかのように、河野が甘い言葉をささやいてきたのだ。齢《よわい》六九を数える正力としてはこの誘惑は抗し難かった。

問題は吉田の人質になっているマイクロ波通信網だ。これはいくら国務大臣の座が手に入るからといっても捨てがたい。権力の座を手に入れても、長くて数年、短ければ一年ともたない。だが、マイクロ波通信網を手に入れれば、短くて十数年、ひょっとすると孫子の代まで彼のメディア帝国を磐石《ばんじゃく》ならしめる礎《いしずえ》となる。

当時の状況では吉田が借款の政府承認と通信免許を正力に与える可能性はかなり小さくなっていた。だが、まったく無くなったわけではなかった。

鳩山派のために反吉田キャンペーンを讀賣グループに命じながらも、正力はその実未練たらたらだったのだ。だが、一九五四年九月六日、正力はマイクロ波通信網を一時棚上げせざるを得ないことを悟る。

この日、東京丸の内の東京會舘で、正力と当時の与党である自由党の幹部三人（幹事長池田勇人、防衛庁長官木村篤太郎、郵政大臣塚田十一郎）が会談した。会談の内容は前に述べた正力・吉田密約に関するものだった。

このとき自由党の三人の幹部はいろいろ理由をつけて「正力マイクロ構想」に協力し

ないことを正力に通告した。つまり、密約の破棄である。この時点で、正力が吉田政権から借款の承認を得る見込みはほぼなくなった。

このあとの国会の流れはこれに駄目を押すものだった。国会では社会党議員が「一民間会社」がマイクロ波通信網を建設し、それを防衛庁に貸す計画があると聞くがどうかと木村防衛庁長官を問い詰めた。前年の怪文書騒動のときと同じ理屈である。議論は正力―吉田密約が反故《ほご》になる方向へ進んでいった。

一二月三日の参議院電気通信委員会では、今後はたとえ貸し出すことを前提としていても「一民間会社が外国からの借款によって通信網を建設することは許さない」という決議さえなされた。正力としてみれば、九月六日の四者会談ですでに予想されていたこととはいえ、怒りは大きかった。この前年には怪文書事件で国会に参考人招致されていたのでなおさらだった。

この時点で正力はもはや自分自身が政界に打って出て強大な権力を手に入れない限りは、「正力マイクロ構想」を実現できないという結論に至った。実際、この頃吉田も正力に「君が総理大臣にでもならない限りそんな構想は実現しない」と述べたといわれる。

正力がこのように思いつめた理由とは次のようなものだ。正力がマイクロ波通信網を

1954年12月、吉田政権崩壊の時点での国会勢力分布

	自由党	民主党	社会党左派	社会党右派	緑風会	その他
衆議院	185	121	72	61	0	20
参議院	91	49	43	26	19	19

1955年2月、鳩山政権成立後の衆議院総選挙後の勢力分布

	自由党	民主党	社会党左派	社会党右派	緑風会	その他
衆議院	112	185	89	67	0	14

（※参議院は選挙がなかったので前と変らず）

表1　当時の議席数

手に入れるには電気通信事業とそれを行う設備を電電公社に独占させることを定めた公衆電気通信法（前年八月一日に施行）を改定しなければならない。だが、公衆電気通信法の改定は総理大臣といえどもなかなかの難事であった。それは当時の政治状況を見ればわかる。（表1）

保守合同が成立するのは一九五五年一一月で、その前の正力がマイクロ構想実現に邁進していた頃は自由党と民主党が熾烈《しれつ》な政権争奪戦を行っていた。この段階では、社会党も左派と右派をまとめると、一九五四年一二月の段階の民主党、一九五五年二月の衆議院総選挙のあとの自由党を上回り、第二党になれた。しかも、社会党全体の党勢は拡大しており、これが保守合同を急ぐ理由の一つとなっていた。

その社会党の有力支持団体が電電公社の労働組合

である全国電気通信労働組合で、久保等のような国会議員さえ送り込んでいる。一九五三年に怪文書が国会でとりあげられたとき、翌年に「正力マイクロ構想」が国会で問題とされ、「一民間会社が外国からの借款によって通信網を建設することは許さない」という決議がなされたとき、その先頭に立っていたのは労働組合系の社会党議員だった。

いや社会党だけではない。自由党の大幹部として吉田を支えた佐藤栄作も電電公社の熱心な支持者だった。電気通信事業の民営化を考えていた吉田に反対して、民営と国営の中間の公社まで妥協させ、電電公社を誕生させたのは佐藤だったのだ。吉田によって運輸次官から大臣に起用された彼は、旧逓信《ていしん》省の職員や、現場で電話や無線通信に携わっていた労働者に強いシンパシーを持っていた。というのも、彼の出身の鉄道省もずっとさかのぼれば逓信省からわかれた部局なので仲間意識があったからだ。逓信省は巨大組織だったので、佐藤のほかにも電電公社を支持する保守系政治家は多かった。

吉田にしろ、鳩山にしろ、その後継者にしろ、しばらくは保守系の野党第一党とだけでなく、社会党系の野党とも妥協しなければ政権運営はできない。このような状況のもとで、電電公社と電気通信系の事業体の労働者の利害に深くかかわる公衆電気通信法の改定を行うのは至難の業《わざ》だ。

政権の座にとどまるために妥協に妥協を重ねなければならなかった吉田にはこれは望むべくもなかった。鳩山でさえ、保守合同を成し遂げて議会の三分の二を占め、社会党を少数野党の地位に引き摺《ず》り下ろしたあとでなければ、これには着手できそうもない。着手できた場合でも、最高権力者が最優先課題としない限りこれは成功しないだろう。だが、鳩山の最優先課題はすでに日ソ国交回復に決まっている。そして、鳩山のあと正力の都合を最優先で考えてくれそうな総理大臣候補者は見当たらなかった。だから正力自身がそれになるしかなかったのだ。それに、もともと大政治家になるのは正力の夢だった。

これまでの定説では正力は一二月三日の参議院電気通信委員会の決議のあとマイクロ構想を断念したとされてきた。だが、事実はまったく違っていた。

電気通信委員会の決議からわずか四日後の一二月七日に吉田内閣は総辞職。それから三日後の一二月一〇日には正力が支持する鳩山が念願の政権の座についている。その鳩山の側近中の側近である河野一郎は正力に総理大臣の足がかりとなる国務大臣の椅子を約束していた。このような状況でなぜ諦める必要があるだろうか。

以下で詳しく見るCIA文書は、正力がマイクロ波通信網を断念したのではなく、むしろ、政界に打ってでて、自分自身が総理大臣となることによってそれを実現しようと決意をしたことを示している。

テレビ人脈と原子力

正力の目から見れば、当時の政治状況は自分に有利に思えた。前に見たように、保守系の政党は分裂状態にあったからだ。

鳩山と三木は「正力マイクロ構想」が国会で叩かれている最中の一九五四年一一月二四日に日本民主党を立ち上げ、一二月七日の吉田内閣総辞職のあとを受けて宿願の政権奪取に成功した。だが、三木はガンにかかっていて回復の見込みがなく、鳩山も卒中のために体の自由がきかなかった。したがって、彼らは政権を握ったもののすぐにそれを誰かに引き継がなくてはならなかった。

彼らが禅譲するとすれば、自分に回ってくる可能性も十分あると正力は独り決めした。三木とは親友だし、鳩山も帝人事件に連座して以来の仲だ。たしかに民主党には河野など有力候補がいるが、自分のほうが彼らより三木や鳩山とは付き合いも長い。

いずれ保守系政党が合同した場合、誰がこの巨大保守党の初代総裁になるのかが大き

なネックになる。とりわけ、鳩山（日本民主党）と緒方（自由党）はその座をめぐって
ともに譲らないだろう。

そうなれば七〇歳近い正力に短い間のつなぎ役としてお鉢がまわってくることはあり得ることだ、そう正力と彼の周辺は考えていたとCIA文書は報告している。もちろん、こんな正力の思惑にどのくらい現実味があったかは疑問である。というのも、彼はこの時点では、国会議員ですらないのだ。正力は讀賣新聞社を大きくすることにかまけて政界でのキャリアをほとんど積んでいなかった。子飼いの議員もいなければ、派閥を作り運営していくための資金源もない。だからこそ、正力が総理大臣を目指すには、何か彼に求心力を持たせるような政治目標が必要だった。

このようなとき彼の前に現れたのが原子力だった。この「永遠のエネルギー」を導入することの意義は資源小国の日本にとって計り知れないほど大きい。そして正力の周辺には彼を原子力ビジネスに引き込もうとしている人間がいた。その名はヘンリー・ホールシューセンとウィリアム・ホールステッド。彼らは二人とも日本テレビ創設にあたって正力と接点を持っていた。

ホールシューセンは上院外交委員会顧問でテレビが日本に導入されるときに正力を支

援した人物だった。借款獲得工作での行き違いから日本テレビ開局の前に正力と袂《たもと》を分かってしまったが、テレビ導入で彼が果たした役割はきわめて大きいといえる。

興味深いことに、彼はアメリカ原子力委員長のルイス・ストローズを知っていて、自身も原子力の平和利用に関心を持っていた。ホールシューセン文書からは一九四九年六月九日にストローズがブライアン・マクマオンを長とする上院原子力合同委員会で読み上げた声明文のコピーが出てくる。声明文のなかには四年後にアイゼンハワーが打ち出す原子力の平和利用に関する政策、「アトムズ・フォー・ピース」政策の雛形《ひながた》がすでに見られる。

原子力の問題はアメリカの外交上でも重要課題だったので、上院外交委員会でもしばしば取り上げられていた。だから、その顧問であるホールシューセンが、テレビやマイクロ波通信網の場合と同じく、原子力の導入もまた大きなビジネス・チャンスになると考えて注目していたとしても不思議はない。

もう一人のホールステッドのほうも、ホールシューセンとともに日本へのテレビの導入で重要な役割を果たした人物だ。彼も上院外交委員会の顧問だったが、本職は放送・通信の設備を作るユニテル社の社長だった。彼は戦時中には戦時情報局（ＯＷＩ）で通信設備の設計をしていた。この関係で日本テレビの東京局の設計も彼がしている。「正力マイクロ構想」に借款が得られたときは、こちらも設計し、設備することになっていた。

彼の場合は、上院外交委員会を通じてというより、もっと直接的に原子力関連企業と結びついていた。その企業とは前にも述べたジェネラル・ダイナミックス社だ。彼の大学時代の親友ヴァーノン・ウェルシュがこの会社の副社長になっていたのだ。

潜水艦を建造するエレクトリック・ボート社を母体とするジェネラル・ダイナミックス社は、世界初の原潜ノーチラス号建造を受注した頃から、他の軍事産業と同じく、原子炉製造も目指すようになった。そして、ノーチラス号が一九五四年九月三〇日に洋上航行を始めたのを機に販路確保のセールス・キャンペーンを始めていた。

ホールシューセンもホールステッドも、日本でともに原子力ビジネスを興すことができる有力実業家を探していた。テレビの時と同じく、彼らの目が正力に向けられるのは自然の流れだった。なにせ、正力は日本テレビ創設の際に一口一〇〇〇万円、合計で七億円もの出資金を集めた実績を持っていた。仮に話に乗ってこなくとも、彼を通じてパートナーが見つけられるはずだ。ホールシューセンは関係が切れてしまっていたが、ホールステッドのほうは日本テレビの東京局建設ののちも深い関係を保っていたので正力に働きかけることができた。

正力も初めは原子力なるものをよく理解できなかったために乗り気ではなかったが、総理大臣への野望がいやが上にも燃え上がり、大きな政治課題が必要となるにつれて、原子力の持つ重要性に目覚め始めた。やがて、政治キャリアも資金源も持たない意気だけは軒昂な老人に政治的求心力をもたらすのはこれしかないと気づいた。

当時の時代状況のなかでは、正力にとっての原子力発電は戦前の新聞に似ていた。つまり、それを手に入れれば、てっとりばやく財界と政界に影響力を持つことができる。いや、直接政治資金と派閥が手に入るという点で、新聞以上の切り札だった。

さらに、正力はアメリカの情報機関（国務省、合衆国情報局、ＣＩＡ、国防総省）が第五福竜丸事件以来大変な窮地に追い込まれており、日本の反原子力・反米世論の高まりを沈静化させるために必死になっているという情報を得ていた。テレビを導入したときと同様、自分が手を挙げさえすれば、アメリカ側の強力な支援が得られ、「原子力の父」になれるという感触を得た。老新聞王はこれ以後この原子力導入という切り札を使ってなんとか総理大臣になろうと執念を燃やすのだ。

第二章　政治カードとしての原子力

アトムズ・フォー・ピース

偶然が重なっただけでは歴史は動かない。起こったことが連鎖し、一定の方向性を持つような流れにならなければならない。

「正力マイクロ構想」が行き詰まり、政治的野心を持つに至った。そのとき原子力ビジネスを目論《もくろ》む男が周辺にいたというだけでは、正力は平和利用目的とはいえ原子力を日本に導入できなかっただろう。原子力をめぐるより大きな流れがあり、それとこれらの偶然が結びつかない限り、正力は「原子力の父」になれなかった。

この「より大きな流れ」とはアメリカと日本の原子力政策をめぐる動きだった。この流れのなかで、正力は関係者の期待を担うことになり、そこに偶然が重なって原子力平和利用推進の中心人物になっていったのだ。

そこでこの章では第二次大戦後、アメリカがどのような原子力政策を打ち出し、それに日本はどのように対応していたのか、このような流れの中で正力がどのように人々の期待を集めるようになったのかを見ていこう。

一九四九年九月、ソ連が原爆を持つに至ったというアメリカ政府の発表にアメリカ国民は震撼した。これによって広島、長崎に原爆を投下したアメリカは、被爆国になる可能性がでてきたからだ。日本の無条件降伏を早期に実現させるためという建前があったとはいえ、非人道的な兵器を無警告で無差別に使用したことに多くのアメリカ人は罪悪感を持っていた。いつか復讐の女神が現れて、加害者の自分たちは被害者の立場に追いやられるかもしれないと心の奥底で恐れていた。アメリカではこの時期、家庭用核シェルターのテレビコマーシャルが放送され大きな反響を呼んでいた。

ソ連の原爆保有宣言より少し前の六月に、アメリカ上院で原子力委員長ルイス・ストローズも加わって原子力の平和利用を促進する政策が議論されていた。つまり、原子力に関する知識や技術を国外に出さないことを定めた一九四六年原子力法（別名マクマオン原子力法）を改定して、逆にこれらのものを西側の国々に供与することで原子力の平和利用を促し、かつそれらの研究開発をコントロールしようというのだ。

しかし、現実家のハリー・トルーマン大統領はむしろ原子力の軍事利用においてソ連より優位を保つことを優先させ、一九五〇年一月三一日には、原爆以上に関係者のあいだで賛否について激しい論議があった水爆の開発を指令した。より破壊力の大きい爆弾を開発して、再びソ連に対して軍事的優位に立ち、抑止力を高めることを選択したのだ。この指令は一九五二年一一月一日のエニウェトク環礁での水爆実験の成功によって達成された。

ところが、ソ連はあくる年の一九五三年の八月一二日には水爆の実験に成功し、たちまちアメリカに追いついてしまった。原爆のときはソ連が追いつくまでに四年を要したが、今度はわずか九ヶ月しかかかっていない。アメリカ国民の動揺はいよいよ激しくなり、以前からアメリカ政府上層部に巣食う共産スパイの脅威を声高に主張していたジョゼフ・マッカーシー上院議員がますます勢いを得た。

スパイによる機密漏洩《ろうえい》や破壊活動がどれほどのものかは別として、この先核兵器の開発を進めていっても、ソ連にすぐに追いつかれるか、あるいは分野によっては追い越されることすら想定しなければならなかった。

そこで、二〇年ぶりに民主党から政権奪取を成し遂げた共和党のアイゼンハワー大統領は、それまでの原子力政策を思い切って方向転換することにした。それが一九五三年一二月八日の国連総会における「アトムズ・フォー・ピース」演説だった。ブライアン・マクマオン上院議員を中心とする一九四九年以来の上院原子力合同委員会での議論がようやく実を結んだのだ。

アメリカの狙い、日本の思惑

この演説の要点は次のようなものだ。

「先進四ヶ国による核兵器開発競争が世界平和にとって脅威になっている。この状況を変えるためにもアメリカは世界各国に原子力の平和利用の促進を呼びかける。

アメリカはこの線に沿って原子力の平和利用に関する共同研究と開発を各国とともに進めるため必要な援助を提供する用意がある。そして、これにはアメリカの民間企業も参加させることにする。さらにこのような提案を実現するために国際機関（のちの国際原子力機関：ＩＡＥＡ）を設立することも提案する」

この背後にあるアメリカの思惑は次のようなものだった。原子力の軍事利用においてリードを保つことはもはや困難だ。また、国際社会は広島型や長崎型の一〇〇〇倍ものの威力を持つにいたった核兵器の存在に大きな不安を抱いている。アメリカが核兵器の開発に邁進すればするほど、世界平和の破壊者としてイメージは悪くなる。

それに、核兵器を所有する国も、アメリカ、イギリス、フランスの西側三ヶ国に東側の盟主ソ連も加わった。ソ連傘下の東側諸国もまもなく核武装するだろう。そして原子力関連の研究開発にも乗り出してくるだろう。

彼らの支援のもとに、第三世界のなかにも、核兵器の開発や原子力関連の研究に参入する国も出てくるだろう。もはやそれを止めることはできない。

それならば、アメリカのもつ原子力関連技術をむしろ積極的に同盟国と第三世界に供与し、これらの国々と共同研究・開発を行おう。そうすれば、これを誘い水として第三世界を自陣営にとりこみ、それによって東側諸国に対する優位を確立できる。

さらに、自らの主導で原子力平和利用の世界機関を設立すれば、この機関を通じて世界各国の原子力開発の状況を把握し、それをコントロールすることができる。

これだけ見ると、アメリカは原子力の軍事利用から平和利用へと大きく舵《かじ》を切ったかのように思える。だが、実際にはこのあともアメリカは水爆実験を続け、核兵器の威力を大きくする技術を開発し続けた。現に第五福竜丸事件を起こしたビキニ環礁の水爆実験は国連演説のわずか三ヶ月後だった。そして、事件のあとも核実験をやめなかった。

また、アメリカは西側諸国とアジア諸国に原子力平和関連の技術と支援を与えることには積極的だったが、西ドイツや日本などの旧敵国に対しては冷淡だった。もともと科学技術を持っていたこれらの国が原子力開発で力を得て、再び立ち向かってくることを恐れたのだ。

したがって、アジアで援助の対象国に選ばれたのはトルコ、イラン、イラク、インド、パキスタン、フィリピンで、日本は除外されていた。対象国には技術供与だけでなく、原子力センターや動力炉（発電のための原子炉）の建設まで行った。最初の国と最後の国を除けば、いずれも現在核兵器の開発などでアメリカの頭痛の種になっている国々だ。その種は実はこの頃に自身が播《ま》いたものだったのだ。

それでもアメリカは一応日本にも手を差し伸べてきた。『日本の原子力』（日本原子力産業会議）によれば一九五四年一月にアメリカ国務省は「原子力発電の経済性」という秘密文書を日本政府に送ってきている。

このため日本の関係者は次のような希望的観測を持った。アメリカはいずれ原子力センターの建設や動力炉の提供を申し出てくるだろう。少なくとも、そのための資金供与や技術支援はしてくれるだろう、と。

当時の日本は産業を発展させようにも電力が不足していた。吉田総理が七年越しの交渉の末、やっとアメリカの輸出入銀行から電源開発のために総額四二〇〇万ドルの借款を得たのは一九五三年一〇月のことだった。もちろん、これで十分なはずはない。日本の経済復興と産業の発展のためには、もっともっと多くの電源が必要だった。

しかし、大掛かりなダムを作る水力発電では立地が限られ、いくらでも作れるというわけではない。また、人里離れた山の奥にあるダムの発電所では、電力を必要とする工業地帯から離れ過ぎていて、送電コストもかかった。

その点、火力発電所は、規模はそれほど大きくなく、平地に作れるので、電力供給上都合のいいところに作ることができる。原子力発電はこれと同じ融通性を持つうえ、発電コストが火力発電よりもかなり低くなるといわれていた。

もしアメリカが「アトムズ・フォー・ピース」政策で、日本に無償、ないし借款付きで原子力発電所を与えるということにでもなれば、それは願ったり叶《かな》ったりというものだ。

とはいえ、日本側がすべてこのような反応をしたわけではなかった。実は、グループによってさまざまな思惑があり、反応も異なっていたのだ。それを整理するために日本側の関係者を（1）学者、（2）電力業界関係者、（3）政治家、（4）原水爆禁止署名運動家の四つのグループに分け、それぞれについて見てみよう。

おそらく原子力の平和利用についてもっとも早くから強い関心を持った人々は（1）の学者グループだっただろう。日本の原子力の研究は戦前までさかのぼることができる。その中心人物の一人は東京大学出身の物理学者、仁科芳雄博士だった。戦後、仁科博士たちの作ったサイクロトロンはGHQによって投棄されてしまったが、サイクロトロンの発明者、カリフォルニア大学のローレンス・テイラー教授の友情をたよりにアイソトープを輸入したことがあった。日本独自の原子力の研究開発を再開することが彼らの強い望みだった。とはいえ、世界唯一の被爆国であることを踏まえて、一九五四年四月二三日に、原子力の研究を平和利用に限定するとともに、研究推進にあたっての原子力三原則（民主・自主・公開）を打ち出していた。

これら学者グループとともに早くから原子力に注目していたのは当然ながら（2）の電力業界関係者だ。「アトムズ・フォー・ピース」が打ち出される前年の一九五二年には電力経済研究所を立ち上げている。日本の戦後復興と産業の発展が進み、電力需要が急増しているとき、永遠のエネルギーでかつ発電コストが安いといわれる原子力発電に彼らが強い関心を持つのは当然のことだった。

政治家たちのなかにも、ごく例外的ながら、早くから原子力に関心を持っていたものがいた。のちに総理大臣になる中曽根康弘（当時改進党）などで、これが（3）のグループになる。

中曽根自らの言によれば、彼は一九五一年、サンフランシスコ講和条約締結交渉のために来日したジョン・フォスター・ダレス国務長官に原子力の研究開発を日本に禁じないよう談判したという。また、中曽根はアイゼンハワー演説以前にハーヴァード大学の夏季セミナーに出席し、原子力の研究開発が民間企業にも開放される流れになっていることを知ったという。

一九五四年の二月一五日にはこの中曽根に加えて改進党の同僚議員、稲葉修、齋藤憲三、川崎秀二が「原子力予算案」を衆議院予算委員会に提出しようと試みた。ただし、これを先頭切って持ち出したのは、中曽根というより齋藤だったといわれる。この予算案は自由党、改進党、日本自由党の間で修正折衝がおこなわれたあとで三月三日に衆議院予算委員会に提出され、翌日の四日に衆議院の本会議で可決された。

最後の（4）の原水禁運動家のグループは、この予算案通過の翌日に大々的に報道された第五福竜丸事件に対する抗議から生まれ、大きくなったものだ。当然ながら、原爆も原子力の平和利用も彼らには同じであり、したがって受け入れられないものだった。「アトムズ・フォー・ピース」演説以後、アメリカ側の働きかけに敏感に反応し、かつそれを歓迎したのは（2）の電力業界関係者と（3）の政治家のグループだったといえる。前述のように、この演説のあとまもなくアメリカは「原子力発電の経済性」についての文書を日本政府に送ってきたわけだが、これが二つのグループを強く刺激した。

軍産複合体

吉田茂が電源開発のためにアメリカの輸出入銀行から巨額の借款を引き出したとき、その保証に立ったのは、日本に発電施設や機器を納入したGE（ジェネラル・エレクトリック社）とウェスティングハウス社だった。注目すべきは、これらのアメリカ電機大手二社は原子力発電でも先頭を走っていた点だ。彼らが水力発電所に引き続き原子力発電所の機器や設備を売りたいと思うのは自然なことだ。電源借款の実現を契機に日本の電力会社や関連機関とアメリカの電機会社・原子炉メーカーが結びつくことによって、ともに原子力の平和利用を日本に導入することに熱心になったとしても不思議はない。「原子力発電の経済性」が日本に送られてきたのは、アメリカ政府の一部にこのようなことを望む勢力があったということだ。そして彼らの狙い通り、日本の電力業界と産業界はこのような文書が送られてきたことに色めき立った。

この文書で言うようにわずかのコストで無限の電力供給を生むことができるなら、資源小国の日本の将来は原子力にかかっているといっても過言ではない。仮にすぐには実用の見通しが立たないとしても、研究開発だけでも進めておく必要があるだろう。中曽根らも、このような経済界の動きに触発されて原子力予算案を提出することになったと考えられる。だからこそ、予算案も国会を通過したのだろう。

しかし、被爆国の日本で原子力の研究開発を進めることは容易ではない。日本学術会議も、原子力の研究が軍事目的に使われるようなことがあってはならないと決議したほどだ。このような姿勢を変えるとすれば、メディアの力が必要だった。また、当時の日本の経済力と研究状況では、アメリカの援助なしに原子力の研究開発を進めることは難しかった。誰かアメリカから援助を引き出せるような強力なコネを持った人物が必要だ。そこで浮かび上がってくるのが、メディアとアメリカ・コネクションをもった正力だった。

メディアに関していえば、正力は十分な資格を持っていた。一九五四年一月一日から讀賣新聞は「ついに太陽をとらえた」という原子力の平和利用をテーマとした大型連載を開始していた。しかも、これには裏があった。

この連載の前に讀賣新聞は一九五〇年に湯川秀樹のノーベル物理学賞受賞を記念して「湯川奨学基金」を創設していた。実は、湯川のこのノーベル賞受賞をアメリカが対日心理戦に利用していたことが、国務省文書から判明している。アメリカ情報機関は、湯川がノーベル賞を受賞できたのはアメリカが応援したからだということを、日本のメディアに書き立てさせたのだ。日本人が親米感情を抱くよう仕向けたこの心理戦には当然、讀賣新聞も動員されていた。

「ついに太陽をとらえた」も、一面ではこの湯川ブームで高まった原子力に対する一般大衆の関心に応えるものだったが、また一面では前年に発表されたアイゼンハワー大統領の「アトムズ・フォー・ピース」の援護射撃でもあった。

少なくとも社主の正力が、このような意図を持っていたことは確かだ。というのも、第一章でも見たように、正力はこの時点ではアメリカから一〇〇〇万ドルの借款を獲得し、マイクロ波通信網を建設しようと必死だったからだ。しかも、連載が終わってしばらくした二月二〇日には、前述のように、キャッスルの仲介のもとに新たに正力―吉田密約を結んでいる。この密約によって、日本テレビがアメリカから借款を得て、全国的通信網を建設するという、「正力マイクロ構想」の望みの糸はかろうじてつながった。

さらに、正力がメディア王であるということのほかに、このようなアメリカを相手とする借款工作に携わっていたことも（2）（3）のグループに頼られる理由になっていた。というのも正力はこの過程でアメリカの政府関係者や軍産複合体とも関係を築いていたからだ。なかでも関係が深かったのが、GE、RCA、ユニテル社、フィルコ社（アメリカの電器・通信メーカー）だった。

GEとフィルコ社は一〇〇〇万ドル借款の保証人になり、マイクロ波通信網の建設に必要な機器を日本テレビに納入することになっていた。そして、日本テレビではなく電電公社がそれを建設することになったときには、それらの機器をそっくり公社に納入した。とりわけGEは、前述の通り、原子力発電においてもアメリカを代表する企業だった。

RCAはGEの子会社に当り、正力は日本テレビの東京局が二番町に建設される際にテレビカメラなど放送機器の大部分をこの電機メーカーから購入している。マイクロ波通信網が成ったときは、さらに二一局分の機器をこのメーカーから買うはずだった。

ユニテル社はマイクロ波通信網の設計を担当し、借款獲得の際はその施工にも加わることになっていた。この企業はのちに正力を軍事産業のジェネラル・ダイナミックス社とも結びつけた。前にも述べたが、ユニテル社社長であるホールステッドの親友はノーチラス号を造ったジェネラル・ダイナミックス社副社長のウェルシュである。

ジェネラル・ダイナミックス社はノーチラス号建造の時点では、自前の原子炉を開発できていなかったために、ウェスティングハウス社の原子炉を積まざるを得なかった。そのことには忸怩《じくじ》たる思いを持っていた。このため一九五二年には原子力開発部門を設け、原子炉製造を目指していた。

しかし、原子炉製造に乗り出すためには、その前に販路を開拓し、顧客を見つけておかなければならない。のちに、ウェルシュの目はホールステッドの顧客の正力に向けられることになる。

正力は日本テレビと讀賣新聞を持つメディア王であるという点でも、財界人の集まりである日本工業倶楽部に出入りし、日本テレビ設立時には総額で七億円もの出資金を集めた実業家であるという点でも、原子炉のセールス・プロモーション上避けて通れない人物だった。これは、GEとRCAにとっても同様だった。

「ついに太陽をとらえた」のような原子力平和利用啓発キャンペーンを打てることに加えて、強力なアメリカ・コネクションを持っていることが、日本側の関係者のあいだで正力が貴重なパイプ役として浮かび上がってきた理由だった。そして、まさしくこれと同じ理由で、アメリカ側も正力を原子炉売り込みの鍵を握る人物と考えていた。

流れを変えた第五福竜丸事件

ところが、この大型連載開始の二ヶ月後、三月一日に起こったのが第五福竜丸事件である。ビキニ環礁の近くでマグロ漁をしていた日本の第五福竜丸が、アメリカが実験をした水素爆弾の「死の灰」を浴びたというのだ。被害を受けた二三人の乗組員は、東京大学病院と国立第一病院に収容されたが、頭ははげ、赤血球は減少していた。そのうちの一人、無線長の久保山愛吉は重態に陥っていた。

放射能を浴びたマグロが同じ症状を引き起こすのではないかとも懸念された。果たしてそうなのか、どのくらいの量を浴びれば有害なのか、誰もわからなかった。その結果、マグロだけでなく魚全体の出荷量が半減した。当時の日本の食生活では動物性蛋白《たんぱく》が決定的に足りなかったにもかかわらずだ。

皮肉にも、他社に先駆けてこの事件を報道したのは讀賣新聞だった。「ついに太陽をとらえた」を連載して関心も知識もあったからだ。また、この報道自体、世紀の大スクープで一般読者の関心もきわめて高かったため、正力やアメリカ情報機関の思惑や利害があっても報道せざるを得ないということもあった。そしてこの当時の正力は、まだマイクロ波通信網建設に燃えていて、原子力平和利用導入を唱えて政界に打って出ることを決意するに至っていなかった。

したがって、メディアコントロールが働かない状況で反原子力・反米の論調が自然発生し、それが次第に勢いを増し、気が付いたときには、もはやアメリカを擁護するなど問題外という状況になっていた、というのが本当のところだろう。

このような状況が生まれるうえでは、社会党系国会議員による国会での追及も与《あずか》って力があった。彼らはまず、アメリカの水爆実験そのものを強く非難した。ついでアメリカ側が責任は実験海域に入り込んだ第五福竜丸側にあると主張したこと、このため乗組員の救済に消極的だったことを批判した。

やがて彼らはもう一歩踏み込んで、アメリカによる核の持ち込みに議論の焦点を移すようになった。

三月二九日の衆議院外務委員会では穂積七郎議員が「日本に駐留いたしますアメリカの軍隊が原子兵器を日本の基地に持ち込むことを拒否すべきだと思うが、それについてはどうか」とただしている。これに対して緒方竹虎国務大臣は「アメリカの駐留軍が原子兵器（核兵器）を持つことに対して（中略）拒否といいますか（中略）日本からは干渉すべきではないと思います。これはアメリカの軍の問題で、その点だけを日本の方から持っていかぬという指図はできないと思います」と回答している。

さらに四月一日の参議院外務委員会で中田吉雄議員がイギリスの例を持ち出して「原子兵器持ち込みの際の事前協議」をアメリカに要求してはどうかと質《ただ》している。

これに対して岡崎勝男外務大臣はそのような核兵器持ち込みの要求はないが「アメリカには置いていいが、日本には置いちゃいかんということは、理屈の上にはないわけですが、現実において飛行機も非常に進歩いたしておるとき日本に置かなければならんという理屈もないように思う」と曖昧にかわして明確に回答するのを避けている。

国会議員たちは次第に駐留アメリカ軍の核兵器持込みを問題視し、これによって日本がアメリカとソ連の核戦争に巻き込まれることの懸念を表明し始めていた。そして、これを防ぐために、核兵器を日本に持ち込ませるべきではない、仮に持ち込む際は日本政府と事前協議することをアメリカに要求すべきだという論調をとり始めた。

当時の日本では知られていなかったかもしれないが、アメリカの統治下にあった沖縄には早くも一九五一年七月三日に核兵器が陸揚げされていた。そして一九五三年一二月三一日には地対地戦術核ミサイル、オネストジョンが正式配備されていた。

核持ち込みに関し議論されている間も日本のメディアは、アメリカ側が最初、第五福竜丸乗組員をスパイ扱いしたこと、また被曝でなく肝炎などだとしたこと、さらに、長崎や広島の原爆症の患者の診察にあたったアメリカ人医師を派遣したものの、その接し方が同情的ではなかったこと、などを報道していた。

国会の動きに呼応して、市民も立ち上がった。五月九日には東京都杉並区の婦人団体、読書サークル、PTA、労組の代表三九人が杉並区立公民館で「水爆禁止署名運動杉並協議会」を結成し、公民館長兼図書館長で法政大学教授の安井郁《かおる》が議長になり、いよいよ原水禁運動が始動している。これが次第に大きな原水禁のうねりとなり、三〇〇〇万人もの人々の署名を集めた。これは戦後最大規模の反米運動に発展していった。原子力平和利用推進に対する逆風が吹きすさんでいた。

にもかかわらず、この運動の火付け役ともいえる讀賣新聞は、このさなか、八月一二日から一一日間にわたって新宿・伊勢丹で「だれにでもわかる原子力展」を開催した。大衆の心を摑《つか》むのにたくみな正力は、第五福竜丸事件を逆手にとって、何とその被曝した船体を会場に展示して多くの人々を伊勢丹の会場に集めた。このへんが正力らしいといえば正力らしい。

正力は原子力カードを握った

一方、平和利用に関してはアメリカ側から強い順風が吹き始めていた。アイゼンハワー政権は、一九四六年原子力法（マクマオン原子力法）の改定にとりかかった。もともとアメリカが広島、長崎と同じ惨禍に見舞われることを恐れて定めたこの法律を、まったく同じ理由で、今度は改定にかかったのだ。

かくして、アメリカの原子力研究開発の成果を民間にも開放し、かつ外国にも提供できるようにすることを骨子とする新たな原子力法が一九五四年八月三〇日に成立することになる。この改定により、機密管理規則は緩和された。要するにアメリカ企業が外国に原子炉を輸出する条件を整備したのだ。

それから一ヶ月後の九月三〇日には、ノーチラス号が洋上航行を始めたというニュースが世界を駆け巡った。ジェネラル・ダイナミックス社はこれを自社製原子炉の販路獲得のプロモーションに最大限に利用した。その一環として、ウェルシュはいよいよ正力にアプローチを始めた。

さらに二ヶ月ほどたった一二月一日、同社社長のホプキンスは、今度はアメリカ製造業者協会（National Association of Manufacturers）で「原子力のマーシャル・プラン」を提唱した。つまり、アメリカは発電のための原子炉を開発途上国に与えることで経済援助すべきだ、そのためには自分たち民間企業も協力を惜しまないというものだ。もちろん、彼の本音は自らが開発した原子炉を売りたいということだ。

この一連の動きに（2）の電力業界ばかりか経済団体連合会も敏感に反応した。ぜひホプキンスを日本に呼ぼう、そして、これを機に原子力発電を日本に導入するための受け皿を作り、アメリカの支援のもとに原子力発電所を作ろう、という気運が高まった。

誰かがその旗振り役をしなければならない。それは正力以外にいない。
（3）のグループ、つまり政治家たちも同じ思いだった。正力ならば、ジェネラル・ダイナミックス社とのコネに加え、メディアを動員して（4）の原水禁グループの勢いをそぐだけでなく、湯川奨学基金などでつながりのある湯川秀樹など（1）のグループを原子力平和利用推進の陣営に引き込める可能性がある。そうすれば、反原子力世論を変えることも不可能ではない。

こうして第五福竜丸事件以前でさえ高かった正力の原子力平和利用推進派の盟主としての地位は、事件後には絶対ともいうべきものになっていった。これによって正力は強力なカードを握ることになったのだ。

正力が原子力平和利用推進派の期待を集めていくこの過程は、吉田が没落していく過程と裏表になっていた。吉田政権は一九五四年一月に明らかになった造船疑獄で深手を負い、四月に法務大臣の犬養健《たける》が指揮権を発動してうやむやにしたことから迷走を始め、吉田が逃げるように九月に外遊に出かけて以後断末魔の様相を呈するようになり、一二月七日にはついに崩壊に至った。

混沌とした政治的情勢のなかで、正力が自分の手中にあるカードが政治的にも大きな利用価値をもっていることに気付くのにそれほど時間はかからなかった。

このカードを使えば、選挙で当選する確率を高くできる。電力業界からだけでなく広く経済界から政治資金と支援が集められるからだ。さらに、讀賣新聞と日本テレビで原子力平和利用推進キャンペーンを行ったうえで、「原子力による産業革命」を公約にして選挙戦を戦うという戦術もとれる。

国会議員に当選したあとは、中曽根ら原子力導入推進派国会議員の支持を得ることが見込まれ、また大臣ポストを与えるという鳩山派の密約もあるため、正力はときを経ずして一つの政治勢力の中心人物になれる。

そのうえで、原子力平和利用に関わるポストに就き、そこでアメリカの政財界関係者と原子力関係者のコネを生かせば、原子力センターか動力炉の供与を引き出せるだろう。最低でも、動力炉の輸入のための借款など資金援助くらいは得られるはずだ。

さらにアメリカの援助を背景に原子力発電所を建設し、数年以内に営業運転まで持っていけば、政治キャリアのほとんどない正力といえども総理大臣になることは夢ではない。あとでＣＩＡ文書によって明らかにしていくが、正力はこれらを実際に行動に移していく。

原子力平和利用推進は正力にとってまさしく夢を現実にする魔法の切り札だったのだ。

第三章　正力とＣＩＡの同床異夢

寿司屋での会談

暮れも押し詰まった一九五四年一二月三一日、正力の腹心、柴田秀利（後の日本テレビ専務）は、東京の某所でＣＩＡ局員と会っていた。この男を柴田は自らの著書『戦後マスコミ回遊記』のなかで、「Ｄ・Ｓ・ワトスン」と呼んでいる。柴田は同書で「この決して肩書きを明かさない」男がＣＩＡ局員ではないかと疑っていたと書いている。

一方のこの局員のほうは、ＣＩＡ本部への報告書に「柴田は自分を政府の秘密の職員とは思っているがＣＩＡ局員とは明確に認識していない」と書いている。これと同一人物かどうかはわからないが、ダニエル・スタンレー・ワトスンという名前は一九九六年にアメリカ下院（Ｊ・Ｆ・ケネディ大統領）暗殺記録特別調査委員会に提出された「リー・ハーヴィ・オズワルド・ＣＩＡ・メキシコシティ」というＣＩＡ文書（二〇〇三年公開）に出てくる。それによれば、一九六三年当時、彼はＣＩＡメキシコシティ支局で副支局長を務め、暗殺犯オズワルドの現地での活動を監視していた。

ＮＨＫのテレビ番組「原発導入のシナリオ」（一九九四年三月放送）の中にも自ら「スタンレー・ワトスン」と名のる人物が出てきて、第五福竜丸事件以後のアメリカの心理戦について能弁に語っている。

柴田によれば、彼はこの「ワトスン」と「源」という寿司屋でたびたび会い、わさびとタバスコのいずれが辛いかという談義に花を咲かせたとしている。その記述からは、一二月三一日以前から頻繁に会っていたという印象を受ける。

むろん柴田が彼と話した内容は決してわさび・タバスコ談義だけではなかった。ＣＩＡ正力文書はこのときの会合で柴田が「原子力平和利用使節団」の趣意書を局員に渡し、アイゼンハワーの「アトムズ・フォー・ピース」キャンペーンを行なっているあいだ我々を指導してほしいと要請していたことを明らかにしている。要請の具体的内容は以下のようなものだった。

1．日本は広島・長崎で原爆の被害を直接受けただけでなく、最近ビキニ環礁で水爆の被害も受けた。世界初にして唯一の被爆国であって、このような核兵器を開発したアメリカに対する憎悪は根強い。これを共産主義者が反米プロパガンダに利用しようとしていることは明らかだ。

2. このようにソ連が平和攻勢をかけている中で日本では総選挙が行なわれようとしているが、日本の保守系政党は情けなくも分裂しているため親米保守の足場が危うくなっている。

3. このような問題を解決するにはジョン・ジェイ・ホプキンス他、原子力の専門家を日本に招聘するのがもっとも効果的だ。

4. この使節団を派遣するなら、総選挙に十分影響を与えうるように、来年（一九五五年）の初めか、遅くとも二月の初めにはそれを実現する必要がある。使節団は日本の反核・反米世論を転換するためにも大統領からの公式のメッセージを貰ってこなければならない。正力松太郎は讀賣新聞の名においてこの使節団を迎えるだけでなく、讀賣グループをあげて原子力平和利用啓蒙キャンペーンを張る用意がある。

5. 現在我々はニューヨークのユニテル社（注・文書にはこうあるが、実際にはジェネラル・ダイナミックス社）副社長のウェルシュ氏とコンタクトをとっている。

6．このプロジェクト推進に協力いただければ幸いである。

従来、「原子力平和利用使節団」については、アメリカ側から正力に、費用もアメリカが負担するということで話がいったという説があった。だが、このＣＩＡ文書は俗説とは違う事実を示している。つまり、提案したのはあくまで正力のほうであって、アメリカ側ではなかったこと、費用負担も正力が求めたのであって、アメリカのほうから申し出たのではないことだ。

また、この趣意書でも明らかなように、正力は使節団の中心メンバーも訪問スケジュールもあらかじめ自分で決めていて、それを以前から「ワトスン」・ルートとは別にユニテル社経由で交渉していた。つまり、ユニテル社社長ホールステッドとジェネラル・ダイナミックス社副社長のウェルシュを通じて、ホプキンスに提案していたのである。

正力は前年の末にホプキンスがアメリカ製造業者協会で「原子力のマーシャル・プラン」を発表し、日本の経済界や電力業界に大きな波紋を起こしたことから、これを好機と考えた。このようなときに、彼を招いて講演会を開くといえば、経済界や電力業界は身を乗り出してくる。そこで懇談会を立ち上げ、自らがそれを主宰すれば、原子力ビジネスを目論む勢力の旗頭になれる。そこで正力は柴田を通じて「原子力平和利用使節団」を日本に派遣するよう「ワトスン」に申し出たのだ。

「ワトスン」はこれに対して、してやったりと思っただろう。アメリカ政府がこれを受け入れ、「原子力平和利用使節団」が訪日し、これを讀賣グループが大々的に取り上げれば、当時の反原子力・反米運動を沈静化させる絶好の心理戦になる。しかも、それをプロデュースした功労者は自分なのだ。

アメリカの在日情報機関は、第五福竜丸事件のあとに澎湃《ほうはい》と湧き起こった原水禁・反米運動によって窮地に立たされていた。事件後数ヶ月で三〇〇〇万人の反対の署名を集めるまでに高まったこの運動に対処するために、彼らはそれまでの対日心理戦を見直さざるを得なくなった。見直したあとでただちに、あらゆるルートを通じて、あらゆる方策を講じなければならなかった。

このようなルートのなかには当然讀賣グループも入っていた。「ワトスン」が柴田に寿司屋でしばしば会うようになったのは、対メディア工作の一環だった。当然、正力はアメリカ情報機関が当時の状況にどれほど危機感を持ち、そこから脱するためにどれほど必死になっているかを柴田から伝え聞くことになった。

しかし、当初正力はまだマイクロ波通信網建設に全身全霊を傾けており、アメリカの窮状を自分がどのように利用できるのかわからなかった。「正力マイクロ構想」がいよいよ壁に突き当り、総理大臣を目指すべく原子力平和利用導入を旗印にしようと考えるに至ってようやく、それが自らの野望の達成に大いに利用できることに気がついたのだ。ここでテレビ導入のときと同様、アメリカの対日心理戦と正力の野望とは幸福な出会いをするのだ。では、それまでアメリカの在日情報機関がどのような心理戦を行っていたのか、第五福竜丸事件以後、それがどのように変わったのかを見ていきたい。

親米世論の形成

アメリカは占領が終わった後も日本を自陣営に引き止めておくために在日の情報機関を通じて心理戦を行っていた。その内容は一九五三年六月二九日の外交文書（外交文書六五七号ＮＳＣ一二五／六、「日本に関する目的と活動方針」）に次のようにでてくる。

とりわけ「対日心理戦計画」（ＰＳＢ　Ｄ－27、一九五三年一月三〇日策定）――日本の知識階級に影響を与え、迅速なる再軍備に好意的な人々を支援し、日本とその他の極東の自由主義諸国との相互理解を促進する心理戦――を速やかに実施することによって中立主義者、共産主義者、反アメリカ感情と戦う。

簡単に言えばこの計画は、日本のメディアを操作して、再軍備に賛成するものを支援し、共産主義者や反米感情を持つ人々に反感を持つよう世論を導くというものだ。この心理戦遂行のためにアメリカの心理戦局（PSB）が打ち出したのは、あらゆる方法、手段、チャンネルを通じて、日本のメディアに働きかけ、合衆国情報サーヴィス（USIS）のニュース素材をそれらに流すことだ。

心理戦局とは大統領補佐官、国務次官、CIA長官、国防総省次官からなる委員会で、アメリカの政策を心理戦という面から調整する役割を負っていた。しかしアメリカの情報関係部局と海外情報プログラムの統廃合が一九五三年九月二日に行われた結果、心理戦局はOCB（Operations Coordinating Board、政策実施調整局）に改組され、心理戦の機能は主に合衆国情報局とCIAに移されることになった。

合衆国情報局とは、大使館（つまり国務省）のもとにある合衆国情報サーヴィスなどを通じて公然の広報活動（主に広報、文化交流、人的交流）を行う機関だ。これに対し非公然の諜報活動（intelligence）をするのがＣＩＡだ。戦時中の機関でいえば、合衆国情報局はホワイト・プロパガンダ（虚偽を交えないプロパガンダ）を流し、広報をおこなう戦時情報局（ＯＷＩ）にあたり、ＣＩＡはブラック・プロパガンダ（虚偽を交えたプロパガンダ）を流し、諜報を行う戦略情報局（ＯＳＳ）にあたる。

このＣＩＡは一九四七年に国務省、陸軍、海軍、空軍の諜報部が統合されてできたものだが、その後もこれらの機関と軍は独自の諜報・広報機関を持ち続けたため、極東軍司令部も心理戦にかかわる部局を持っていた。したがって、一九五三年の心理戦局廃止後の「対日心理戦」には合衆国情報局、ＣＩＡ、合衆国情報サーヴィスのほかに極東軍司令部（ＣＩＮＣＦＥ）の諜報部が共同であたっていた。

これらの情報機関によるニュース素材の提供は「いかにも作為的に行われていると日本人に気付かれないように細心の注意を払って」（心理戦局文書）なされなければならなかった。そうしながらも、合衆国情報サーヴィスはどのくらい自分たちのソースと素材と番組を使わせたかを部門ごとに、担当地域ごとに競っていた。正力の所有するメディアは「対日心理戦」のエース的存在として認識されていた。

一九五三年末からこの心理戦に加わった新しい目標、それが日本のメディアをうまくコントロールしてアイゼンハワーの「アトムズ・フォー・ピース」に対する好意的な世論を作り出すことだった。したがって、讀賣新聞が一九五四年元旦から始めた「ついに太陽をとらえた」は彼らにとっては大きな手柄となった。原子力イコール原爆ではなく、ほかに平和的利用法があるのだということを知らしめたからだ。

ところが、アメリカの情報機関は、第五福竜丸事件以後の日本の厳しい状況に対処するため、それまでの対日心理戦を見直さなければならなくなった。一九五四年一〇月二二日のウォルター・ロバートソン（国務次官補）からジョン・アリソン（駐日大使）への書簡（国務省文書）はそのことを示している。

親愛なるジョン

最近、日本に関するNSC文書の実施の見直しが問題になっている。これは君の注意を喚起しておくべき重要な問題だ。君も知っているようにNSC一二五／六は特に「対日心理戦計画」（PSB　D－27）の実施を指示している。この実施にあたって、計画通りの活動をコーディネイトするために、何らかの支援が必要な問題に対しできるだけ速やかに行動が取れるように大使館、合衆国情報サーヴィス、極東軍司令部、その他の代表による委員会が東京に設置された。Ｄ－27計画の目標を達成するために、もっと何かすべきかどうか意見を聞きたい。

第五福竜丸事件のときの日本の世論についての君の優れた分析と日本の反米化の経過についての報告は、いずれももっと活発な心理戦プログラムが必要なことと、これまでの心理戦に欠陥があったことを指し示している。そして心理戦プログラムの必要性は現在の共産主義者の日本に対する平和攻勢によって高まっている。

ここにいる私たちの多くは、過ちの大部分は次の二つのことにあったと思っている。すなわち、Ｄ－27計画はあまり的が絞れていなかった、そして、東京の委員会に参加しているいくつかの機関はそれぞれの本部から、直面する任務を遂行する十分な権限も指導も与えられていなかった。

上記のことに照らして実施委員会の組織の見直しとともにＤ－27計画の再検討をすべきだと思われる。（後略）

国務次官補ウォルター・ロバートソン

ここから、D－27計画、すなわち対日心理戦計画が第五福竜丸事件以後、とくに共産主義者の平和攻勢（原子力発電関連の情報提供の申し出、原水禁運動の高まり）のために見直されたのだということがわかる。そのもとになったのは手紙で触れられているアリソン駐日大使の日本の世論についての分析だった。この世論分析は一九五四年五月二〇日付アリソン—国務省の書簡（外交文書七六二）のなかで長々と行われている。内容は第五福竜丸事件でなぜ日本に大きな反米世論が巻き起こっているかの心理的・政治的背景を説明したものだ。以下はその要旨だ。

1．日本国民は広島・長崎で原爆を体験しているという点で他の国民と違っている。
2．日本の漁民は敗戦によって漁業水域がせばめられて強い不満を感じている。
3．戦後GHQが理化学研究所のサイクロトロンを廃棄させるなどしたため、日本の学者の間に強い反米感情がある。
4．日本の社会主義者、共産主義者がこの事件を利用して反米闘争を煽《あお》っている。
5．五月一二日の国会で革新系の国会議員がこの事件に関連して核兵器の配備に日本政府の事前承認をアメリカ側に求めるべきだと主張し、議論が起こっている。

6．吉田政権が弱体化して混乱に拍車をかけている。官僚主義の悪いところが出ており、危機管理、情報管理ができていない。

この分析はアメリカ側がある重要な決定を下すときの資料になっていた。日本への核兵器配備の中止だ。前章でみたように、国会で社会党など革新陣営がアメリカ駐留軍の核兵器の持ち込みを問題とするようになっていた。アメリカ駐留軍が日本に核兵器を持ち込む際には日本政府と事前協議を行うべきだという議論がでていた。もちろん、革新系国会議員の背後には市民団体がいて、彼らの間でも原水禁・反米運動が高まっていた。

一九五五年二月八日付の国務省文書には「核兵器の使用に関して」と題されたものがある。そこには一九五四年六月二三日に「日米安全保障条約のもとではアメリカ合衆国は日本に核弾頭を持った兵器を配備する権利があるにもかかわらず、この時期に日本に核兵器を配備するのは政治的に賢明ではない」と国務省が判断を下したことが書かれている。

一方でこの文書には「核兵器の日本への配備と日本の基地からの核兵器の使用にかかわる手続きと指示に関する準備として、日本にいる司令官に、憲法に定められた有事の宣告がなされたとき、あるいは彼の軍が攻撃される切迫した危険にさらされたとき、あるいは日本において敵対行動が起こったとき、合衆国の支配下にある日本に隣接する国に格納されている核兵器をただちに日本に配備するよう通告する権限を貴官に与える」ともある。

日本には核弾頭を除いた兵器を配備するということは、それ以外の日本の周辺地域（当時の沖縄も含む）には核を装備した兵器を配備していたということだ。国会での核兵器持ち込み反対の議論を見て、核兵器の配備を極東アメリカ軍は思いとどまったのだ。ちなみに、この当時の日米安保条約では、アメリカ駐留軍はどのような兵器であれ、日本の領土のどこにでも、事前の協議も通告もなしに、配備できることになっていた。一九六〇年六月に岸信介が安保改定を成し遂げたあとようやく核兵器の持ち込みに事前協議が必要とされるようになった。

それでもアリソンが自制を求めたのは、核配備を強行すれば、原水禁・反米運動にいよいよ火がつき、共産勢力がこれにつけいって政府を転覆し、共産革命を成功させてしまうかもしれないと判断したからだ。前章で触れたように、国会では核の持ち込みのほかに第五福竜丸事件に対するアメリカ側の対応にも厳しい追及の声があがっていた。怒りの声は乗組員、久保山愛吉が九月二三日に死亡するにいたって臨界点を超えた。

アメリカにとって耐え難かったのは、ソ連がこの失敗を徹底的に反米プロパガンダに利用し、占領軍によるレッドパージで押さえつけられていた左翼系の日本人を大いに勢いづけたことだ。アメリカによる日本の占領の終結以来最大の心理戦上の大敗北であり、外交上の大きな汚点としても残った。したがって、まずこの共産主義者たちの攻勢を心理戦によって鎮静化させ、日本の政府首脳を十分に「教育」したあとで、また核配備のことを持ち出すようにしようとアメリカ側は考えた。

概括的で要領を得なかった対日心理戦計画は第五福竜丸事件のあとで目標が明確化され具体化されていく。つまり、とにかく危機的なまでの高まりを見せている目前のこの反原子力・反米運動を鎮めることだ。

このためアメリカ情報機関はとりわけ讀賣グループを頼りにした。朝日は左寄りで、毎日も讀賣ほど右寄りではない。それにどちらもまだテレビは持っていなかった。

もともとマイクロ波通信網に関しては、ＣＩＡが直接支援工作に乗り出したほどだから、正力や柴田など讀賣グループ関係者とつながりもできていた。さらに、讀賣グループは正力の支配が強いため、彼とコネクションを架けばこのメディア複合体全体を動かすことができるという利点がある。他の会社では、社主と編集主幹などのあいだで権力が分散しているため、複数の重要人物にアプローチしなければならない。これは秘密保持のうえで問題が大きいうえ、あえてこの危険を冒したところで思うような結果が得られない恐れがある。

アメリカ情報機関にとって讀賣グループはもっとも扱いやすく、また親近感が持て、高い効果も期待できるメディアだったのだ。

却下された正力の計画

こうした経緯から考えれば、この章の冒頭で見たように、一九五四年の末に正力から、「『原子力平和利用』推進の一大メディア・キャンペーンを張るので支援をして欲しい」と柴田を通じて申し出られたとき、「ワトスン」は天にも昇る思いだっただろう。ところが、CIAはこれに対しまったく意外な反応をした。まず、CIA極東支部は、申し出にはメリットがあり、「代表的日刊紙に対する恒常的チャンネルに発展していけるということが見込める」と一応評価し、「我々の意見ではまず彼らに貸しを作って、さらに我々の側に引き込むというのが第一段階と考える」とCIA本部に伝えている。

当時のＣＩＡの置かれた状況から考えれば、正力の申し出は渡りに船、地獄に仏だったはずだ。そのわりに極東支部の報告からは熱が伝わってこない。この少し引いたような態度には理由がある。正力がＣＩＡに「善意から」協力しようというのではなく、腹に厄介な一物《いちもつ》を持っていることがわかっていたからだ。

ＣＩＡがそれに気づいたのは、「ワトスン」が柴田に申し出の意図を尋ねた際、柴田はいかにもナイーヴに「政治的なものだ」と答えたからだ。これによって、正力の意図が単に原子力ビジネスの旗頭になることだけではないということがわかった。

その「政治的意図」について「ワトスン」がさらに問うと、柴田は「次の選挙で原子力の問題が焦点になるからだ」と答えた。つまり、正力がＣＩＡに協力するというより、ＣＩＡを自分に協力させようというのだ。確かにこのメディア・キャンペーンはＣＩＡにとっても大いに利益があるのだが、正力にとってはさらに大きな利益があった。しかもそれには政治が絡《から》んでいた。いくら追い詰められているとはいえ、ＣＩＡもこれでは慎重にならざるを得なかったのである。一個人の政治的野望にアメリカの政府機関であるＣＩＡが加担したことが露見すれば、外交問題になりかねない。

それに、讀賣グループの総力をあげて行おうとしている「原子力の平和利用」啓蒙キャンペーンの計画を仔細に見ると、表向き讀賣新聞・日本テレビが行なうメディア・キャンペーンのように見えながら、その実「原子力の平和利用」を公約として出馬しようとしている正力の選挙運動に他ならなかった。

たとえば正力は、「原子力平和利用使節団」の来日を勝手に「遅くとも二月初め」と設定していて、この時期でなければならないと主張していた。二月初めとは衆議院総選挙が始まる時期だ。この選挙に正力は「原子力による産業革命」と「保守大合同」を公約として郷里の富山二区から出馬することにしていた。

この二月初めに「原子力平和利用使節団」を招待してメディア・キャンペーンを大々的に張れば、それは同時に「原子力による産業革命」を公約とする正力の選挙キャンペーンになる。はるばるアメリカからやってきたホプキンスたちの講演は、そのまま正力の応援演説になる。正力の狙いはまさにこれだった。だからこそ、正力はCIAに協力要請する前にユニテル社のルートでホプキンスらの来日の根回しをしていた。これも二月初旬に間に合うようにするためだった。

しかし、アメリカ側には二月までに使節団を送らなければならない理由はない。使節団のメンバー選びにも時間をかけ、十分な調整と準備をして臨んだほうがいい。そのほうが原子力平和利用の啓蒙運動の実《じつ》もあがるというものだ。

仮に二月初旬に間に合わない場合でも、正力は資金援助と大統領の親書は欲しいと思っていた。ここにも正力ならではの深慮遠謀があった。占領が終ったとはいえ、日本に対するアメリカの影響力はまだまだ強い。これら二つを得るということは、そのアメリカからお墨付きを得ることだ。

資金に関していえば、讀賣グループには使節団を招くくらいの金はあるし、それをメディア・イヴェントにして系列メディアで使えば何とか元も取れる。また、大統領のメッセージといっても、とくに具体的提案や公約の表明でもあれば別だが、たいていは美辞麗句が並べてある形ばかりのものに過ぎない。

しかし、これらがなければ今回のメディア・イヴェントは私的な招待旅行に過ぎず、公的使節団ではないことになる。それではアメリカから認知され、承認を得たことにならない。しかも、ホプキンスらを正力が招いたことの、また、それをもとにしたメディア・イヴェントの、日本の関係者に対するインパクトも弱い。

まして、正力はただ使節団を招いてご高説を伺おうというのではない。それをきっかけとして原子力ビジネスを目指す財界人と電力業者とを糾合《きゅうごう》し、懇談会を作り、自ら原子力平和利用推進運動の盟主になり、さらにそれを足がかりに政界に打って出て、最終的には総理大臣を目指そうというのだ。そのためには、アメリカの認知と承認の証である、資金援助と大統領のメッセージがぜひとも欲しかったのだ。

おそらくこのとき正力の頭のなかにあったのはテレビ導入のときの前例だろう。彼はそのときも、「ムント・ミッション」という、いわば「テレビ導入使節団」を招聘し、讀賣新聞を動員してテレビ導入を急ぐよう一大キャンペーンを張った。このとき正力は、アメリカ議会と国務省が「ムント・ミッション」を遣わしたのだ、つまり、自分はアメリカの全面的支持を得ているのだということを大いに喧伝《けんでん》した。そのおかげで、一〇一〇〇〇万円という当時としてはとてつもない高額の出資金を、日本テレビ放送網設立のために日本の財界関係者から集めることができた。そして、このあともアメリカの支持を誇示することで、政府や財界関係者の支持を取り付け、NHKなどの反対勢力を抑えることができた。アメリカ側の文書は「ムント・ミッション」が実際には正力自らが六〇〇〇ドル（当時の円換算で二一六万円）の私費を投じて招いた私的使節団だったということを明らかにしている。だが、正力はこの使節団を「ムント・ミッション」と呼び、アメリカ議会と国務省から遣わされたのだと言い続けた。

正力は今度も「原子力平和利用使節団」によって同じことができると考えた。金額の多寡《たか》や大統領のメッセージの中身などどうでもよく、アメリカが正力を支援しているという証が欲しかったのだ。それが日本の関係者に対して絶大な心理的効果を持つことを知っていたからだ。

それはまた、堅実なタイプの多い財界関係者を正力の原子力発電導入工作と総理大臣を目指す政界工作にコミットさせ、資金援助をさせるうえでも大いに効き目を発揮するはずだった。この下心が見え見えだったからこそ、ＣＩＡは正力の要請に応えることはできなかった。彼らにとって問題なのは、今回の「原子力平和利用使節団」と二年前の「ムント・ミッション」との相違点だった。

つまり、テレビのときは、正力は政治的野心こそ持っていたものの、政界進出を決意するには至っていなかった。だが、今回の原子力の平和利用の場合は、正力の政治的野心と完全に一体となっている。前回は正力を支援してもテレビの導入やマイクロ波通信網の建設だけに終わるが、今回原子力発電導入を支援すれば、彼の政治的野望に手をかすことになってしまう。

このように分析したＣＩＡ本部は、二月初旬はもとより、それ以後になるにしても

「原子力平和利用使節団」の訪日に資金援助を与えないことを決定した。極東支部は本部から正力に言質《げんち》を与えてはならないだけでなく、アメリカ側がそれに興味を持っていると正力に思わせてもならないと言い渡された。

柴田はせめて大統領から日本国民に向けたメッセージをこの使節団に託すようにと食い下がったが、CIA本部はこれもきっぱり拒否した。その理由を、CIAはしばらくあとの一九五五年四月二一日付文書でこう述べている。

ホプキンス氏は「原子力のマーシャル・プラン」を唱えているということでかなり（日本の）メディアにとりあげられている。彼の提案は、原子力エネルギーの分野で他国と協力することについて、わが国がすでに決定している政策と重要な点で異なる。それは、わが国の政策では、広範な資金援助プログラムを想定していないという点だ。私たちが彼の使節団をアメリカ合衆国の代弁者として認知するなら、アメリカが原子力発電所のための資金を出し、原子力発電はすぐそこまでやってきているという誤った希望を日本に与えるという危険を冒すことになるだろう。

確かに前述の通り、「アトムズ・フォー・ピース」政策では日本や西ドイツなど、かつて敵国だった国には積極的に援助はしないという方針があった。正力のペースにのせられて「原子力平和利用使節団」を承認し、メディア・キャンペーンを張るのを許せば、日本人に誤ったメッセージを送ることになる。これは結局、期待を裏切ることになり、長期的にはアメリカのイメージを悪くする。

また、実際的な面を見てもCIAは、正力の意向を知ってしまっているのだから、ますます承認を与える必要はない。正力が己の政治的野望のために行っている以上、CIAが手を貸さなくても「原子力平和利用」推進キャンペーンをやめないだろう。立候補の際の目玉になるのだからやめるはずがない。

それならば今回は、正力に勝手にやらせておけばいい。こうして正力がCIAに持ちかけた取引はあっけなく断られた。CIAの窮状を知っているだけに、余りのあっけなさに正力が驚いたほどだ。

ユニテル社のルートからも、ホプキンスの多忙を理由に、選挙前の二月はとても無理だと伝えてきた。それでも何とか五月に使節団を招くことはできるようになったものの、「原子力平和利用使節団」を自らの選挙の事前運動に利用するという正力の意図は完全に挫折した。

一方、アメリカは正力の動きとは関係なく、一月一一日に日本に対して濃縮ウランを提供し、原子力平和利用研究に携わる要員の訓練を引き受けると申し入れてきた。また、その約二週間後にはシドニー・イェーツ下院議員が議会で広島に原子力センターを作ることを提案した。アメリカは結果的には正力に追い風を送っていたことになる。

讀賣の大キャンペーン

正力は、国会議員の椅子がかかっている以上、CIAから資金援助がなくとも、使節団の来日が遅れても、自らの野望のためにとにかく讀賣グループを総動員して原子力平和利用啓蒙キャンペーンを展開しなければならなかった。一九五五年当時の讀賣新聞を読んでみると次のような見出しが紙面を賑わせている。

一月　一日　米の原子力平和使節ホプキンス氏招待
一月　六日　ホプキンス氏来日の報に　新聞配達少年から
一月　八日　原子力の年　各界の声をきく　ホプキンス使節を迎えるにあたって

一月一〇日　原子炉の民間製造　米原子力委で許可発表
一月一二日　販売上の制限なし　米原子力民間発電の燃料
一月一八日　ノーチラス試運転
一月一九日　米、原子力発電に本腰　民間企業へ助成策　核分裂燃料無償貸与も考慮
一月二〇日　試運転は満足　ノーチラス号
一月二八日　広島に原子炉　建設費　二二五〇万ドル　米下院で緊急提案
二月一〇日　原子力マーシャル・プランとは　無限の電力供給
二月一一日　米国内を洗う原子力革命の波　資本家も発電に本腰
二月一二日　広島に限定せず「日本に原子炉建設」再提案へ　イエーツ議員

現代のアメリカの政治学者は、このようにメディアで繰り返し取り上げることによって有権者に特定の政治課題が重要だと思わせることを「プライミング」と呼んでいる。讀賣のキャンペーンは、当時の人々がほとんど知らなかった原子力平和利用というテーマについて認知させ、それが重要な政策課題だと思わせる効果があった。

そのおかげかどうか、正力は二月二七日の開票の結果、めでたく衆議院議員として当

選を果たした。だが、僅差での当選で大勝とはいいがたかった。やはり、原子力が何か、それがどんな利益を地元にもたらすかがわからない当時では、「原子力による産業革命」を訴えてもあまりプライミングにならなかったのかもしれない。もう一つの公約、「保守大合同」にしても、これまで政治家として実績のない正力に多くを期待するほうが無理というものだ。とはいえ、当選は当選だった。

正力は早速、「総理大臣を目指す工作」を開始した。その第一段階が「原子力平和利用懇談会」の立ち上げだった。讀賣新聞は正力の当選後も次のように原子力の平和利用を大きく取り上げ続けた。これは、五月頃に来日することが決まった「原子力平和利用使節団」のPRだった。

三月　四日　各国の原子炉建設援助　米原子力委　工業界へ要請
三月　六日　原子力、電気商業用に
三月　九日　ローレンス博士も同行　来日の原子力平和使節団に
三月一六日　本社招待　米の原子力民間施設　ホ氏、五月九日来訪
三月二〇日　産業界に原子力革命　ホプキンス氏来日を前に抱負を語る

三月二四日　明日では遅すぎる原子力平和利用
三月二五日　機関車に原子力を利用　米原子力委、民間会社と契約
三月二七日　『原子未来戦』（ユニヴァーサル映画製作の近未来ＳＦ映画）放送
四月二四日　原子力平和利用と日本　原子炉建設を急げ

正力の「原子力平和利用使節団」の迎え入れに向けての動きについて、ＣＩＡ極東支部は五月二〇日の文書で本部に次のように報告している。

鳩山、重光（葵《まもる》）、石橋（湛山）、一万田《いちまだ》（尚登《ひさと》）、高碕（達之助）はみな推奨の声明を発表する。日本への費用はホプキンスが、日本での費用は讀賣が持つ。

正力の目的は日本の原子力開発において政府の独占に対して民間企業が参入する余地を確保することにあるので、彼が政府に補助を求めるかどうかは疑わしい。

この報告の通り、正力は鳩山を始め政府首脳からの推奨はもらったものの、一行の日本での滞在費は自分が負担しなければならなかった。正力はこれを自らのキャンペーン

に利用し、自分が先頭に立って原子力平和利用の啓蒙と導入を推進していることを大いに日本人にアピールした。正力はこのようにPRすると同時に彼らの来日の際の講演会の受け皿づくりを経団連、日本商工会議所、経済同友会などに呼びかけた。そして、この受け皿を「原子力平和利用懇談会」と称した。CIAは、この「原子力平和利用懇談会」の目的について次のように分析している。

この「原子力平和利用懇談会」の目的はアメリカ政府に遠まわしながら次のことを確信させることにある。

a．原子力の平和利用を真剣に考えていること

b．それについて日本人がなにかできるということ

全体としての目的は、稼働可能な原子炉を日本が入手することが円滑にいくようにすること。

もっともこれはCIAが見た「原子力平和利用懇談会」設立の意図で、正力側の意図はこれまでにも述べたことを含めて次の三つになる。一つ目は「これによって財界人を

とりまとめ、自分を支援させること」、二つ目は「懇談会の会長として原子力発電導入に関して自分が先頭に立って動いていることをアメリカに、そして国内にアピールすること」、三つ目は「これと関連してライバル緒方竹虎から原子力カードを奪うこと」。

緒方は正力が最もライバル視し、自らが総理大臣になるうえで最大の障害となると考えていた人物だった。ともに新聞界の大物で戦時中は内閣情報局で要職を務め、戦後は戦争犯罪容疑者になり公職追放を受けたという点でも共通している。ところが、緒方はその後政界に打って出、あれよあれよという間に自由党総裁にまで上り詰め、保守大合同のあとの総裁・総理大臣と目されているのに、正力のほうはやっと平議員になったばかりだ。正力は早くなんとかして緒方との差を縮めたいと思った。

その緒方が、前年に原子力予算が通り政府がこの問題に取り組まなければならなくなった際、名目上とはいえ、原子力利用準備調査会の会長になっていたのだ。前にも述べたようにこの問題に対する政・財・学界の関心は高い。また、アメリカ側も原子力平和利用に関して交渉すべき相手は緒方だということになる。

これを緒方が総理大臣レースにおいてカードとして使う可能性もある。そうなれば、このカードに頼るしかない自分の総理大臣の目はなくなる。だから、そうなる前に自分のものにしてしまおうということだ。
正力は四月二九日に「原子力平和利用懇談会」の立ち上げを宣言し、自らその会長に納まった。いよいよ「原子力平和利用使節団」が五月九日に来日すると、正力はテレビを中心にしてこれまでにもまして大々的なキャンペーンを張った。

五月　九日　ホプキンス原子力使節への期待　新動力源時代へ
五月一〇日　鳩山首相と懇談　ホプキンス一行
五月一一日「原子力平和利用講演会」テレビ中継（日本工業倶楽部）
五月一二日　各界代表と原子力懇談　日本の技術を期待　ホプキンス氏ら強調
五月一三日「原子力平和利用講演会」テレビ中継（日比谷公会堂）
五月一四日　原子力発電への道　ハフスタッド博士　安価な燃料を約束
五月一五日　ウラニウム、近く自由販売に　ハフスタッド博士昼食会で語る

その一方で、正力はホプキンスらの講演会を取り仕切り、かつ、彼らと日本の財界との接触を取り持つことによって、巧みに財界人を自らの陣営に引き入れていった。ホプ

来日した原子力平和利用使節団（右端がウェルシュ、その左がホプキンス）を出迎える正力（左端）　提供・讀賣新聞社

キンスに宛てた五月二六日付の感謝状には、電力会社はもちろんのこと、経団連会長石川一郎、日本商工会議所会頭藤山愛一郎、経済同友会代表幹事岸道三、日本開発銀行総裁小林中《あたる》以下そうそうたる財界の名士が直筆で署名している。つまり、正力はこの時までに、これらの財界人たちから直筆の署名が集められる関係を築いていたことになる。正力はこの署名を集めることによって、自分が原子力導入において指導的役割を担っていることをアメリカ側に誇示したのだ。

ＣＩＡは署名した財界人を調べて、「彼らの目的は日本の原子力エネルギー開発が政府の独占にならないよう民間企業が参加する余地を確保することだ」と分析した。彼らが署名をしたのは、原子力がテレビよりも大きなビジネスになることを知っているからだ。それを早く確実にわがものとするためだったら、彼らは正力に多少の資金援助は惜しまないはずだ。

CIAは、日本の電力関係者が「これ（正力が原子力発電導入によって財界有力者の支持を取り付けたこと）で正力のドル箱ができた」と言っていることに特に注目している（一九五六年八月六日付文書）。正力は原子力ビジネスをもくろむ企業家たちから選挙資金を確保できるようになったという分析である。

しかし、正力の一連の活動は結果としてアメリカ側のためにもなっていたということをCIAは認めなければならなかった。CIA極東支部はこの「原子力平和利用使節団」を総括して五月二〇日、次のように本部に報告した。

ホプキンスの旅と公式声明はきわめていい印象を与えた。そして初めて公衆の関心を原子力の平和利用の分野での私たちのプログラムに向けさせた。最近のカリフォルニアの海底での核実験ですら第一面を飾ることができなかったほどだ。

アメリカ側がこのように好意的に受け止めることは正力も計算済みだっただろう。し

鳩山首相に帰国の挨拶をする原子力平和利用使節団
(左から鳩山、ホプキンス、正力、ウェルシュ)　提供・讀賣新聞社

たがって正力は、アメリカから「朗報」が届くのを今か今かと待っていた。「朗報」とは動力炉提供の申し出だった。

というのも、正力はホプキンスに宛てた感謝状に、「日本は動力炉を持つ準備が出来ています」と書き添えていた。これを読めばホプキンスは、「日本に動力炉を輸出すべきだ」と政府に迫るだろう、そしてアメリカ政府もまた正力がメディア・キャンペーンによって「アトムズ・フォー・ピース」に果たした功績を多とし、日本に動力炉を供与、または輸出することを決定するだろうと正力は期待していたのだ。

しかし、六月中旬まで待っても、そのような返事はこなかった。実はホプキンスには正力の「期待」がさっぱり理解されていなかったのだ。「持つ準備が出来ています」というような日本的な婉曲表現を使ったために、「動力炉を是非とも手に入れたい。そのために政府に働きかけて欲しい」という本音が伝わっていなかった。

本当に欲しいのならばストレートに「日本に動力炉を供与するよう政府に働きかけてくれ」というべきだった。その過ちに正力は、七月になっても返事がこないのでようやく気づくことになる。情報提供者（柴田）からこれを知ったＣＩＡはひどく面白がった。

柴田の狙いは

一方、正力はＣＩＡとは柴田を通して接触を保ち続けていた。国務大臣になり、やがて総理大臣を目指すとなれば、いやがおうでもアメリカ側とかかわることになる。その際にＣＩＡから寵愛《ちょうあい》を受けないまでも、好意的に受け取られる必要がある。それは総理大臣になるための一種の根回し工作として必要だといえる。

正力はこのことをマイクロ波通信網建設のための借款工作を行なったときにすでに実感していた。一〇〇〇万ドル借款工作のため柴田が渡米したときに、ＣＩＡ局員が正力の人となりと総理大臣の可能性について彼のもとを訪ね調査したことがあった。そのことを柴田は正力に報告していた。吉田政権崩壊のときに河合良成（第一次吉田内閣で厚生大臣）や三木が正力の名を総理大臣候補者として挙げるなどしたのでアメリカ側が関心を示したのだ。

ここから正力は、柴田をＣＩＡと接触させれば、アメリカ側が日本人の情報提供者から得た日本の政界の秘密情報をさえ入手できるかもしれないと考えたのだろう。もともと「原子力平和利用使節団」への資金援助のことで柴田をＣＩＡと接触させたのも、総理大臣になるための対アメリカ工作の一環だったと見られる。

なるほど、正力は柴田を通じて多くの情報をＣＩＡに与えることになるが、その一方で柴田から、ＣＩＡがそれらの情報をどのように受け止めたか、また反応したかを聞くことができる。

正力の狙いは、柴田をＣＩＡと接触させることでさぐりを入れることにあった。こうすることによって、自分が原子力発電導入に動いたとき、また総理大臣を目指して政界工作を始めたとき、アメリカ側がどう反応するのかを知ろうとした。それこそ、原子力平和利用に賭けようとしている総理大臣候補正力にとって不可欠な情報だからだ。

正力は、「原子力平和利用使節団」のあともいろいろとＣＩＡに要求することを止めていない。アメリカのために自らのメディアを使って「アトムズ・フォー・ピース」政策の助けになることをした以上、要求する権利があると思っていたようだ。
このため正力は柴田に実によく自分の意向や希望についてCIA要員に伝えさせている。まるで、柴田の口を通して間接話法でおねだりをしているかのようだ。
ところで、「ワトスン」は柴田について、一九五四年一二月三一日付文書で次のように報告している。

柴田は今のところは経済的大物（正力）の陰にいるが、いずれは重要な地位に就こうと思っている。計画に関わってアメリカの重要人物と付き合うことによって地位を高めたいのだ。（中略）柴田を個人的に寝返らせることが可能のようだ。もう少し調べてみて報告する。

柴田は正力に一〇〇パーセント忠誠を誓っているわけではなかったと考えられる。それは「原子力平和利用使節団」の意図は何かと「ワトスン」に聞かれて、柴田があっさりと正力の手の内を明かしてしまったことからも推察される。また、特に一九五四年初めからは、正力の政界工作に関する情報と讀賣グループ内の情報をＣＩＡに流している。

おそらく柴田はアメリカ政府の上層部の人間に正力の手先と見られるのが嫌だったのだろう。そもそも彼は人間としての正力を嫌っていたと思われる。正力はあまりにも俗物的で、思想性がなく、とくに目下のものには酷薄なところがあるからだ。柴田は竹田恒徳《つねよし》や吉田茂や白洲次郎のような上流の人々が好きだった。だから、共産主義を憎み、天皇制を擁護した。

正力は日本を共産主義者から守り、天皇制を維持していくために必要なスキームを築くうえで鍵を握る人物だった。柴田としては、正力のためにというより、日本のために働いているという意識だっただろう。だから、正力が日本のためというよりは自身の欲望のために何かしようというときは、忠誠を貫かなくてもいい、と考えたのである。

とはいうものの、柴田は日本やアメリカの要人が自分に一目置き、重要人物として扱うのは、背後に正力がいるからこそということをよく知ってもいた。正力は自ら強烈な光を放つ恒星だが、自分は恒星の光を映す惑星にすぎない。このような柴田の心の底を見透かすかのように、「原子力平和利用使節団」のことで柴田と接触したときから、彼が「寝返る」可能性があるがどうすればいいかと「ワトスン」はＣＩＡ本部に尋ねていた。これに対し本部は「この対象はどのようにコントロールできるか」と聞き返してきたが、「ワトスン」は「柴田は正力とは別の資金源を手に入れたがっている」と回答した。

このあと柴田の名前は文書から削除されるようになり、代わりに「ポハルト」という暗号名で登場するようになる。そして、大部分は彼を通してこれまでよりも格段に多くの、そして詳しい内部情報がCIAに入るようになる。

一方の正力もしたたかなもので、こういう事情を察しつつも柴田をCIAと接触させていたと見られる。こうして、柴田を間に挟んで正力とCIAが互いを探りあい、虚々実々の駆け引きを繰り広げることになる。

保守大合同工作

さて、当選後、正力はもう一つの公約に挙げた保守大合同にも精力的に取り組んでいた。『大野伴睦回想録』を読むと、原子力平和利用よりもこちらのほうが先に成果があがっていたようだ。

政局は相変わらず不安定だった。前に見たように、正力が衆議院議員に当選した一九五五年二月二七日の総選挙で鳩山の日本民主党は第一党になったが、過半数には達していなかった。自由党の議席数とそれほど差がないので、次の選挙で逆転することは十分可能だった。

社会党もこの頃は右派と左派に割れていたが、両派がまとまり、これに共産党が加わることがあれば、議席で与党の民主党を上回り革新政権を樹立できた。つまり、民主党、自由党、革新系野党がまさに三すくみになり、どう転ぶかわからなかったのだ。

この不安定な状態を脱するためには、民主党と自由党が合同して保守安定政権を作るしかないのだが、これがなかなか難しかった。もともと民主党の鳩山らは吉田政権打倒に動いたという経緯もあり、両党幹部の間には感情的しこりがあった。加えて、民主党に合流した元改進党組（重光葵ら）も、自由党脱党組と政見や利害がまったく一致していたわけではなかった。緒方竹虎が「保守大合同は爛頭《らんとう》の急務」といったのは、一九五四年四月一四日のことだが、それから一年たっても状況は混乱するばかりで、なかなか前へ進んでいなかった。だからこそ政治的実績のない正力には自分を売り出すまたとないチャンスだったといえる。

正力が「原子力平和使節団」来日のメディア・キャンペーンを張っていた五月一七日前後、彼は高輪の料亭「志保原」で自由党総務会長の大野伴睦と民主党総務会長の三木

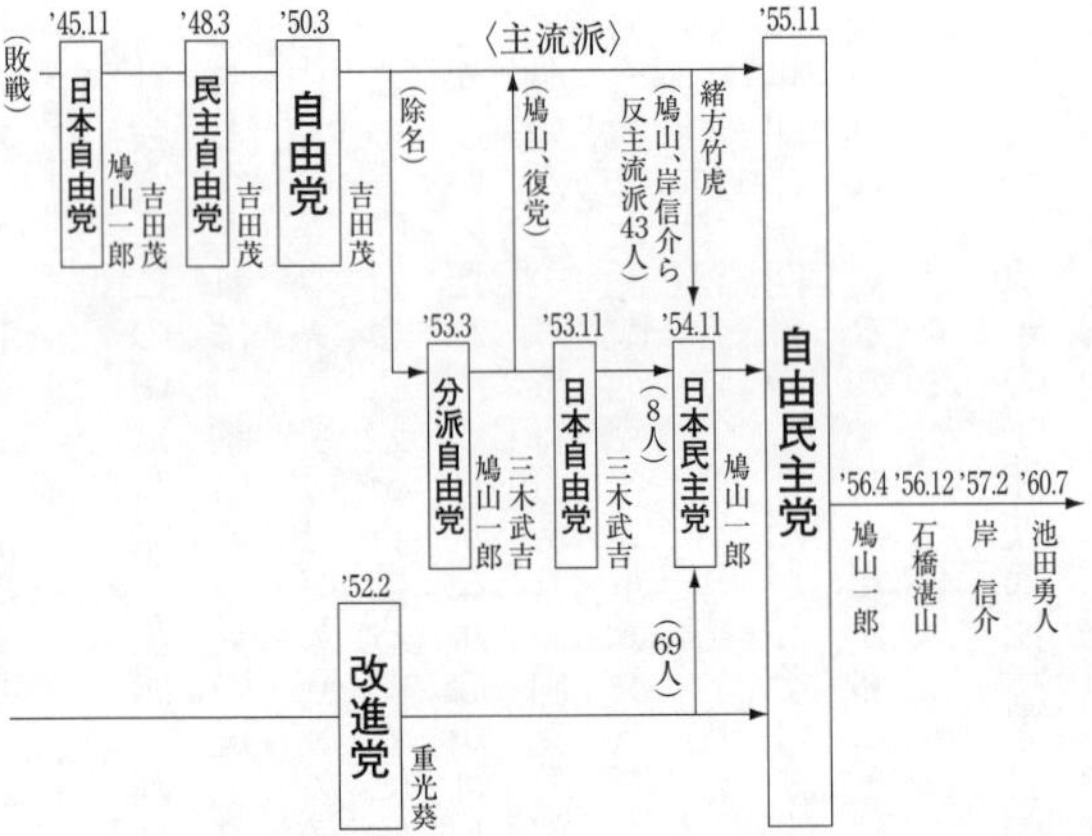

図1　戦後保守政党の流れ（参考・小林英夫『満州と自民党』新潮新書）

を会談させることに成功した。一般にはこれによって保守大合同は歴史的第一歩を踏み出したことになっている。

なぜ、正力が三木と大野を仲介することができたのかといえば、それは彼がこの二人ときわめて関係が深かったからだ。正力と三木との関係は第一章で述べた通りだ。では、大野とはどのような関係なのかというと、話は大野が院外団だった頃までさかのぼる。

院外団とは議席をもたない政党員のことだが、『大野伴睦回想録』を読むと、ビラ張り、演説会の人集め、相手候補へのいやがらせから、アジ演説に至るまで、要するに選挙に関わることは何でもする便利屋だった。大野は選挙の手伝いをする立憲政友会の院外団としてお坊ちゃん育ちの鳩山のもとへ送られ、その後熱心な鳩山支持者となった。

この院外団時代に、大野は警視庁官房主事時代の正力とも接点をもつことになる。院外団をあるときは取り締まり、あるときは利用するのが正力の仕事の一部だった。当時の官房主事の機密費は月三〇〇〇円もあり、ハドソン（外国車）の専用車も与えられたということだ。国会議員の歳費が二〇〇〇円の時代だから、これはかなりの大金だ。

この機密費の一部が鳩山の周辺にいた大野に渡されていたということは十分ありうる。いずれにせよ、鳩山を通じて正力と大野はつながりを持っていた。その彼がこの当時なぜ吉田政権の総務会長になっているのか一見奇妙に思われるかもしれないが、その経緯は次のようなものだ。

鳩山は軍需物資を隠匿していた辻嘉六《かろく》や児玉誉士夫から資金を得て日本自由党を立ち上げた。このとき大野は当然鳩山のもとにはせ参じた。ところが、鳩山ばかりか河野や石橋湛山などの自由党の幹部もＧＨＱによって公職追放になってしまった。

翼賛選挙で落選して戦時中は国会議員でなかったために公職追放を免れていた大野は、幹部の抜けたあと、自由党を支えていくことを自らの使命とした。そこに鳩山から政権を預かった吉田が横滑りしてきたので、行きがかり上、彼を支えることになった。

こうして鳩山の忠臣だった大野が吉田に仕え、その政権で重きを成すことになった。大野は、立場上は吉田派ながら、その実、心情的には鳩山派だった。だからこそ三木は大野に声をかけ、保守大合同の仲介役として自分たちと因縁浅からぬ正力を選んだのだ。

しかし、大野の回想録によれば、大野・三木会談はこのとき初めて実現したのではなく、その数日前に大野の家の近所の、後のアラビア石油社長山下太郎邸ですでに秘密裏に行われていた。両者はそのあとすぐに党首である緒方、鳩山に大合同を打診し、次回を期していたというのが真相だった。

しかも、この二度目の大野・三木会談の仲介には正力だけではなく、藤山愛一郎も加わっていた。前に見たように藤山は日本商工会議所会頭で、原子力平和利用懇談会の中心的メンバーでもあった。この二度目の会談の経緯を大野は次のように述べている。

一方、三木さんが私に保守合同を持ちかける以前、正力松太郎氏も熱心に、大同団結を唱えていた。何度か私にも呼びかけてきたが、時期尚早と応じなかった。三木さんと会っているうちに「財界の藤山愛一郎君も、合同の必要を熱心に唱えているから、彼も加えたい」と三木さんからの申し出があった。そこで私が正力さんからの呼びかけがあったことを語り、この際四人で会うことにした。

このように「志保原」での歴史的会談が、三木と大野自身がアレンジしたもので、正力によるものではないとしても、また、そこに藤山も加わっていたとしても、それは正力のフィクサーとしての評価が低いことを意味するのではない。

そもそも正力が自由党と鳩山派のあいだの仲介をするのは「志保原」会談が初めてではなかった。彼は吉田政権の頃にも何度も伊豆の韮山《にらやま》に足を運んで鳩山と会っていた。時期はちょうどテレビ基準と放送免許のことが電波監理委員会で議論されていた一九五二年の初夏の頃だ。

つまり、吉田はテレビ放送の免許を餌《えさ》に正力を鳩山のもとに遣わし、彼の分派活動を控えさせようと仲介工作をさせていたのだ。三木と大野が正力に保守大合同の仲介者の栄誉を与えたのはそれまでの労に報いる意味もあった。そしてこの栄誉を受けることで、正力は当選時の公約の一つは果たしたことになる。

歴史的大役を果たしたことに気をよくした正力は、さらに本格的な政界工作を行う。

大野の回想録の表現を借りれば「この保守合同がどうやら達成できると目安のついたある日」、正力は三木と大野に二〇〇〇万円もの金を渡す。神楽坂の料亭「松ヶ根」で三木と大野が会談した際、三木が次のようにいって大野に一〇〇〇万円を渡したという。

大野君、ここに現金一〇〇〇万円がある。この金は、保守合同に共鳴してくれたある人が、なにかと金もいることだろうと、無条件でくれた金だ。君も今度の運動で何かと金がかかっただろう。僕と命をかけて仕事をしてくれた君個人に自由に使ってもらいたい。

この「保守合同に共鳴してくれたある人」とは、大野によると正力だという。大野はいずれこのことは人に知られると思い、三木の言葉通り自分の懐にいれることはせず、幹事長の石井光次郎に渡したとしている。最終的にこの一〇〇〇万円は自由党の選挙資金として使われることになったという。

正力が三木に渡したのは合計二〇〇〇万円なので、残りの一〇〇〇万円は三木がどこかへ回すか、自分で何かの用途に使ったことになる。正力の政治資金供与の意図は何だったか。保守大合同が成った一一月一五日のあとに彼が国務大臣になっていることを見ればば明らかだろう。かねてから鳩山との間に密約があったとはいえ、わずか当選一回で大臣になるにはそれ相応のものを出さなければと思ったのだろう。つまりは、大臣ポストの催促と駄目押しのための大金だったのだ。

正力はさらに保守大合同ののちの総裁選も視野に入れていた。大野と三木は大臣就任ののち総理大臣を目指すうえでも重要な人物だから、この意味でも彼らを通じて資金をばら撒《ま》いておく必要がある。

とはいえ、あわせて二〇〇〇万円だった。これは大臣ポストに関しては十分かもしれないが、総理大臣には少ないといわなければならない。ＣＩＡは「正力は他の政治家とちがって、資金を他人に頼る必要はないが、かといって民主党の台所をまかなうほどの資金提供はできない」と分析していた。これは正しい分析だろう。この分析のもとになっていたのは、柴田がＣＩＡに暴露していた正力の懐事情である。

実はこの頃の讀賣グループは全体として赤字だったので、この程度の金額で精一杯だったのだ。日本テレビは黒字だと発表しているが、これは減価償却分を損失に計上していないためで、実際は赤字である。しかも、当時讀賣新聞は赤字を覚悟で関西進出を果たしていたために、こちらの部門も赤字である。ここからCIA文書は正力が鳩山や三木に選挙資金を提供できないだろうと断じている。だが、この分析は少なくとも二〇〇〇万円に関しては外れていた。

しかし、疑おうと思えば、この二〇〇〇万円も正力自身で調達したというより、「原子力平和利用懇談会」がらみの「ドル箱」から得たのではないかと思えてくる。あるいは「志保原」の四者会談に藤山も加わっていたことから、正力個人ではなく、保守大合同を望む財界の一部が正力を通して資金を流しただけとも考えられる。

もっとも、その場合でも、正力がそのような役得を得ることができたのは、二月以降の讀賣グループを通じての「原子力平和利用」キャンペーンのおかげだといえる。それは自らの政治公約が当時の日本にとって重要な政治課題であることを訴えると同時に、その自分に資金を与えることの重要性を訴えるメディア・キャンペーンだった。

しかし、前に述べたように、正力はこのようなキャンペーンが自分のためだけでなくCIAのためにもなることも、それによってCIAが自分を憎からず思うことも、計算していた。公式にはなんと回答してこようと、CIAは陰ながら自分の原子力発電導入の動きを支援するに違いないと確信していた。

第四章　博覧会で世論を変えよ

再び正力マイクロ構想

ホプキンスら「原子力平和利用使節団」がアメリカに帰り、この関連の活動も一段落すると、どういうわけか正力はまたマイクロ波通信網のことを蒸し返し始めた。

それは「ワトスン」の一九五五年六月六日の報告書からもわかる。この日、彼は柴田と山王ホテルの一〇八号室で会談している。このとき柴田は原子力関係の話題のほかに、マイクロ波通信網計画も持ち出しているのだ。アメリカから招待を受けているが、このついでにマイクロ波通信網計画にもなんらかの進展をもたらしたいと柴田は「ワトスン」に語った。むろん、彼が「ワトスン」にこう告げたことは、ＣＩＡにもこのことでなにかして欲しいということだ。

六月一四日に合衆国民間航空庁が開いた会合でも、柴田はこのマイクロ波通信網の話を持ち出した。電電公社のものと駐留アメリカ軍のものだけでは日本の大衆に反共産主義のメッセージを届けるのには不十分だ。したがって、正力にアメリカの援助を与えて全日本的ネットワークを作らせよというのだ。

注目すべきは、柴田がこの日の会合のなかで、現役の郵政大臣松田竹千代もマイクロ波通信網のことをアメリカ側関係者と話し合うために渡米する予定だと述べたことだ。松田は駐日アメリカ大使館にこのことを相談しているとも柴田は付け加えた。

これは正力が自分の構想を実現するために現職の郵政大臣をアメリカに送り込もうとしていることを意味する。真剣にマイクロ構想実現に向けて動き始めたことになる。

なぜ松田なのかというと、彼はいわゆる「八人の侍」のメンバーだったからだ。八人の侍とは黒澤明の『七人の侍』にちなんだもので、吉田が自由党鳩山派の造反運動を抑えようとしたとき、これに反抗して自由党にもどらなかった八人のメンバーのことをいう。そのグループのリーダーが三木と河野だった。つまり、松田は河野ときわめて近いのだ。

河野が松田を通じて正力を助けようとするのは説明がつく。国務大臣の椅子を用意するから打倒吉田に加勢してくれと声をかけたのは河野だったからだ。この密約のこともあり、河野はいろいろと正力に力を貸さなければならなかった。それに、密約を守れば正力は国務大臣になるのだから、総理大臣の座を狙う河野としても、恩を売って味方につけておくにしくはない。

正力のほうも「原子力平和利用使節団」のことが一段落したので、棚上げしていたマイクロ構想のことを思い出していた。正力は、この使節団が訪日した際に自分の日本での地位と実力を見せつけ、さらにアメリカの「アトムズ・フォー・ピース」政策への貢献ぶりも示せたので、この機を逃さずマイクロ波通信網のこともしっかりアピールしておこうと思ったのだろう。

六月二四日にもCIA局員と柴田は接触している。このときも柴田はマイクロ波通信網のことを持ち出して、現在の日本の電気産業の発展は、正力がテレビを持ち込んだことによるものだと強調した。そして、マイクロ波通信網建設のために一〇〇〇万ドル借款を獲得しようとアメリカに乗り込んだときのことや、元戦略情報局のジェイムズ・マーフィといろいろ苦労した思い出を語った。このマイクロ波通信網に原子力発電が加われば、いよいよ日本の電気産業は飛躍的な進歩を遂げるだろうと締めくくった。要するに、マイクロ波通信網建設に協力してくれと言っているのだ。

幻に終った訪米

六月二九日付のＣＩＡ文書には、正力自身もマイクロ波通信網のことで渡米を考えていると記してある。保守合同後の入閣の目処《めど》もたったので、マイクロ波通信網のことを話すついでにアメリカの政府要人と顔つなぎしておこうと正力は思ったのだろう。

というのも、この文書では正力と三木との親しい間柄のことなどが言及されているからだ。三木は当時、民主党総務会長で、保守大合同のあとの総裁選挙に大きな影響力を持っていた。同時にこの文書はＣＩＡ内部で正力の渡航費用を持つべきかどうかという議論が再びなされ、出さないという決定を出したことを明らかにしている。「ＣＩＡにとってははっきり利益があるのでなければ仲介すべきではない」という理由だった。

七月五日には柴田が旧友のハル・キースと再会を果たし、やはり正力がマイクロ波通信網に対して強迫的なまでの執着を示していると彼に語ったことが記されている。キースは占領中、民間情報教育局（ＣＩＥ）に所属し、ＮＨＫのラジオ番組の制作指導をしていたときに柴田と知り合った。彼はＣＩＡ局員ではなかったが、情報として極東支部の局員に柴田との会話の模様を伝えたのだろう。

加えてこの文書には、共産党が原子力関連で日本が何かすることにすべて反対してい て、まさに正力の「原子力平和利用懇談会」と反対の動きをしていること、日本学術会議も原子力平和利用について意見の一致を見ていないことなどが書かれていた。

そして、このような原子力の平和利用をめぐる日本の状況のなかで、正力はやはりアメリカにとって役に立つ存在だということが確認されている。さらにこの文書は、正力の頭の中では、原子力発電導入とマイクロ波通信網建設とが同一視されているようだともいっている。事実、一旦原子力の導入に精力を傾けるために棚上げしたマイクロ波通信網をまた持ち出し、原子力発電のことと並行して進めようとしているのだから、まさにこの分析の通りなのだろう。

七月七日にはＣＩＡ本部がこのマイクロ波通信網計画を支援することによってどんな利益があるか極東支部に見解を求めている。正力の訪米とマイクロ波通信網をどう取り扱うべきか決断しようとしていることがわかる。

マイクロ波通信網のことを持ち出されて、極東支部はやおらこの計画のことを調べ始めた。二年ほど前のことになるので、このときの書類がなかなか見つからなかったようだ。担当者も替っていたのだろう。

本部の問い合わせに対して、極東支部は七月一三日付文書で、もう破棄してしまったと回答している。だが、その後見つかったようで、七月二二日付文書では、「一九五三年九月二九日に正力のマイクロ波通信網建設を支援する工作『ポダルトン』の実施許可が出たものの、同年一二月三日付で中止された」旨《むね》が報告されている。

七月一三日付文書ではまた、「このプロジェクトは日本の地位を高めてアジアにおける経済帝国を築く助けとなるだけでなく、必然的に軍事とも関わるので、国防総省の利益も考慮しなければならない」と指摘している。そして、「もし国防総省の利益にもなるならば、極東支部としては正力の側に立つこともやぶさかではないが、当面はこれを保留して、正力と良好な関係を保つに留めたい」とお役所的な結論に落ち着いている。

さらにこの文書は、正力の訪米はなくなり、代わりに松田郵政相が、おそらくは正力の費用負担でアメリカに来ることになったと報告している。

松田は若い頃苦学してニューヨーク大学に学んだ経験がある。だから、功なり名を遂げたあとで、青春を過ごしたアメリカを訪ねてみたいと思うのは自然だ。

だが、このような文脈で登場することからもわかるように、松田は現役の郵政大臣であるにもかかわらず、渡米して正力のため、つまり私企業である日本テレビのために動こうとしていた。また、CIAは、松田はこの頃河野の命にしたがって動いていると分析していた。

その河野は、ロンドンでの日ソ交渉のあと八月二八日に日米交渉のためにワシントンに入ることになる。そこで日本からやってくる外務大臣の重光葵、民主党幹事長の岸信介と合流するためだ。日米交渉のためとはいえ、河野、重光、岸という次期民主党総裁の最有力候補者三人がアメリカで勢ぞろいした。

彼らがこのあとの政権についてなにも話し合わないとしたら、そのほうがおかしい。また、このような重要な意味を持っていたからこそ、河野はこの場に松田も加えたかったのだろう。河野の回顧録『今だから話そう』によれば、河野は日米会談を終えたあと岸とニューヨークに立ち寄り、そこで密約を交わしている。その内容は、鳩山が日ソ国交回復を花道にできるよう岸が協力する代わり、河野は鳩山のあとの後継総裁として岸を支持するというものだ。

河野は日本自由党を立ち上げたときから鳩山を支えてきた。自身も公職追放に遭い、その逆境から政界に返り咲き、反吉田の急先鋒となり、ようやく打倒吉田をなしとげた。今、その鳩山は総理の座にある。

あとはなんとか、卒中で体が不自由な鳩山が政権運営で苦労しないよう庇《かば》い、吉田のような無様《ぶざま》な終り方をしないよう花道を用意するだけだ。そのためには、最近とみに力をつけてきている岸の協力が必要だ。それを得るために、河野は岸に鳩山のあとの総理大臣の座を約束しようというのだ。

同じく鳩山を政権の座に就ける為に身を削ってきた三木も思いは同じだった。河野はこの密約のことを帰国後すぐに三木に話したところ、三木もその場で賛成したという。

「鳩山、緒方が相譲らぬときは正力」という甘い言葉で正力にいろいろと協力させていたが、三木と河野の本音は別なところにあったのだ。

もっとも、だからといって正力総理の目がまったくなくなったわけではない。岸の本格政権の前後に、つなぎとして正力を短期間総理につけるという可能性は十分あった。正力としてみれば、そのあいだに公衆電気通信法を改定できれば、それで十分なのだ。

CIAの協力体制

アメリカからポスト鳩山の三人の有力候補者が日本に帰ってくると政界の動きは慌《あわただ》しくなり、正力も松田も忙しくなった。正力には入閣の話が正式に持ち出され、松田にも郵政大臣留任のことで河野からいろいろいってきた。だが、それ以前の八月一一日に、CIAは一つの結論をすでに出していた。

この（正力にマイクロ波通信網を与える）作戦のメリットは相対的なものだ。

メリットは、本部が極東支部から受けた要請に応えれば、CIAはポダム（正力の暗号名）に便宜を与え、それと引き換えに貸しを作れるということだ。今日にいたるまでポダムとポハルト（柴田の暗号名）は協力的で、つい最近も我々の助言どおり広島会議（原水禁運動の会議）でCIAの線に沿ってくれた。

この関係を築いて、新聞にアクセスできるようになると思う。そしてテレビの計画が執行されれば、テレビへのアクセスを約束すると思う。27346文書で3199（CIA局員の暗号名）が指摘しているように、テレビは近い将来日本に対する心理戦の鍵となる。アメリカのマイクロ波プロジェクトに関するポジションについていえば、ポダムその他はCIAの資産として育てていくべきだと思う。そして、松田のアメリカ旅行に与える援助はあまり目につかずにできると思う。

つまり、マイクロ波通信網を含め、さまざまな便宜を正力に与え、それによって貸しを作れば、正力および彼の所有するメディアを操れるだろうというのだ。そして、松田の訪米にも援助を与えるとしている。松田は正力のマイクロ波通信網計画に対する協力を取り付けにいくのだから、その松田の訪米を援助するということは、正力のマイクロ波通信網計画を支援するということだ。

このとき代償としてＣＩＡが正力に求めたものは、意外にも「アトムズ・フォー・ピース」に対する協力ではなかった。それは八月一六日の作戦実施許可書からわかる。そこにはこう書かれていた。

以下の要件でポダムの使用を許可する。
メディアの分野で、日本の政治的な出来事や傾向、メディアや新聞の関係者についての情報を得るための使用。

讀賣グループ約五〇〇〇人の記者がこれまで集めた情報、これ以降集める情報をＣＩＡが得るために正力を「使用」するということは、正力がこれらの情報をＣＩＡに差し出すということだ。

ただし、讀賣グループの記者たちの名誉のために断っておくが、これはあくまで正力とＣＩＡのあいだの取り決めであって記者たちは与《あずか》り知らぬことである。そもそもＣＩＡが讀賣グループをとくに好んだのは、前述の通り、正力以下トップダウンで新聞もテレビも動かせ、正力と柴田以外には関与を知られずに済んだからだ。正力がこのあとＣＩＡに対してどのような情報を出したのか、どのような協力をしたのかは次の九月一二日付の文書から察しがつく。

1．以下の提案に本部の裁可を得たい。

2．○○（原文ではホワイトで消されていて空白になっているが局員の名前。以下の伏字も同様）は○○との関係、彼を通じたポダムとの関係、が十分成熟したものになったので彼らに具体的な共同作戦の申し出ができると思う。ポダムは自らも認める攻撃的なまでの反共産主義者なので、○○はＫＵＢＡＲＫ（ＣＩＡ）が得る最大の利益は、ポダムの資産（讀賣新聞と日本テレビ）を使った反日本共産党工作を提案できることだといっている。

最終的提案は、○○には二人か多くても三人のエキスパートを、ポダムには同数かそれより少し多いエキスパートを与えることだ。

このグループの機能はポダムのメディアのためのニュース素材の詳細を決め、プロデュースし、それらで日本共産党をたたくことだ。○○の側は記事のリード部分とアイディアのプロデュースをし、使用可能なニュース・マテリアルを用意する。ポダムの側は日本語の専門家と日本側の視点と、このことを知らない数千の記者のマンパワーを提供する。

3．○○は当方がKUBARKだということを明らかにすれば、この提案はより徹底的に実行できると考える。このことはスキームにとって重要ではないが、○○は(柴田に)身分をきかれたときにODIBEX(国務省)職員だと名乗った。ただし、○○(柴田のこと。部局が違うせいか、この文書では局員と同じく伏字にされている)は身分についてはそれ以上問いたださなかったが、本当の雇い主(つまりCIA)を知っているようだ。

4．アレンジメントは共同作戦に直接関わったものだけを除き極秘のものとして提案する。これはKUBARKによるコントロールとして大きな可能性を持っていると思う。というのもポダムは明らかに「奴は日本をアメリカに売った」という（国会怪文書スキャンダルなどでの）過去の非難を再燃させたくないのだ。この作戦にはスタッフの給料、この事業をおこなうオフィスの賃貸料プラスときどき一七・八（単位なし、数字のみ）の費用しかかからない。これらは極東支部の裁量の範囲だ。

5. まず新聞で始め、状況が許せばラジオやテレビに広げていくこのスキームは心理戦として高い可能性を持っている。ポダムの命令で動く多くの記者たちにこの種の指令が与えられるなら、これは重要なターゲット（政治家など）に対する諜報の可能性も与える。

6. もしこの命令を出すことに本部が同意してポダムも従ったら、このプロジェクトは細部を詰めて実行されるだろう。今のところ○○と○○に担当させるつもりだ。

7. 国務省は同意している。

つまり、「反日本共産党工作」のプロデュースや「重要なターゲットに対する諜報」に対する「数千の（讀賣）記者のマンパワー」の提供などで、正力はＣＩＡに協力したということだ。しかも、正力の協力によって可能になった「まず新聞で始め、状況が許せばラジオやテレビに広げていくこのスキーム」をCIAは、「心理戦として高い可能性を持っている」と評価している。

両者の関係はこのように「十分成熟したものになった」ので、CIAはそれまでのように自分の側にのみ利益がある作戦ではなく、正力の側にも大いに利益がある共同作戦を提案してきた。しかも、正力がCIAのために重ねてきた貢献に対するご褒美《ほうび》として、この作戦の費用はほとんどアメリカ持ちであった。それが一九五五年一一月から始まった「原子力平和利用博覧会」だった。

博覧会で世論を転換

当時アメリカはこのような博覧会を世界中で開催していた。博覧会だけでなく、原子力の国際管理を話し合うために開かれたジュネーヴ会議でも、かなりのスペースを持つ展示場を設けてアメリカの原子力関連の技術を紹介していた。

これも「アトムズ・フォー・ピース」の一環であり、心理戦の一部だった。世界中で原子力平和利用のキャンペーンを繰り広げ、それを各国のメディアを使って広めなければならない。それが心理戦を担当するCIAと合衆国情報局の仕事だった。

実はアメリカに先駆けてこのような原子力平和利用博覧会を開き、この分野での援助をちらつかせて心理戦を行い、友好国の心を摑《つか》んでいたのはソ連だった。

CIAはこのようなソ連の原子力平和利用博覧会をよく研究していて、アメリカが開く博覧会に生かしていた。というより、ソ連の原子力平和利用攻勢に対抗するためにこのようなイヴェントを開くようになったとすら見ることができる。

原子力平和利用もそれを紹介する博覧会も、核兵器やテレビやマイクロ波通信網と同じく、冷戦の道具だったのだ。

CIAと合衆国情報局と駐日アメリカ大使館は、以前から「アトムズ・フォー・ピース」をアピールするために「原子力平和利用博覧会」を準備していた。確かにかつては正力の「原子力平和利用使節団」に援助を与えなかったが、それは正力の政治的野望に利用されたくなかったからだ。

今回のこのイヴェントも正力が政治目的に利用することはわかっていた。また、あとで述べるように、正力がそうしたがるような政治状況になっていたことも把握していた。にもかかわらず、アメリカの情報機関はこの共同作戦を行ってもそれほど正力の野望に加担することにはならないと思っていた。というのも、両者がこのイヴェントによって目指していたことは根本的に違っていたからだ。

アメリカ側が目標としていたことは、アメリカは原子力の平和利用にも真剣に取り組んでおり、その先進的技術によって日本を含む西側諸国に恩恵をもたらしたいと思っていることを日本人に伝えることだ。それによって反原子力・反米世論を鎮めることができればそれで十分なのだ。

これに対し、正力の方はそこで終わりではなく、これを踏まえたうえで、さらにアメリカから動力炉の供与、または、それを購入するための借款を引き出すことだった。そのあとで日本に原子力発電所を建設し、商業発電を実現し、それを政治的実績として総理大臣の座を手に入れることが最終目標だった。

つまり、「原子力平和利用博覧会」が成功しても、正力の動力炉獲得に協力しない限り、アメリカ側は彼の野望を後押ししたことにはならないのだ。彼に動力炉を与えるかどうか、あるいはそれを購入するための借款を与えるかどうかは、マイクロ波通信網のときと同じく、そのときの情勢と彼との駆け引きのなかで判断すればいいだけのことだ。

こうして合衆国情報局がこれまでのノウハウの全てをつぎ込み、満を持して臨んだ「原子力平和利用博覧会」が一一月一日から一二月一二日までの六週間にわたって開かれた。一〇月二六日の讀賣新聞の「せまる原子力平和利用博覧会」の紹介記事によればその内容は次のような一五部で構成されていた。

「第一部　原子力の先駆者（湯川秀樹など一〇人の科学者）／第二部　原子力の基礎知識および原子力平和利用に関する映画／第三部　原子力の手引き（原子炉模型やパネル展示）／第四部　黒鉛原子炉／第五部　電光式原子核連鎖反応解説装置／第六部アイソトープの取り扱い／第七部　モデル実験室／第八部　工業面のアイソトープ利用／第九部　医学面のアイソトープ利用／第一〇部　農業面のアイソトープ利用／第一一部　食料保存／第一二部　教育と研究／第一三部　原子力列車と原子力発電所のジオラマなど／第一四部　ウラン鉱業室／第一五部　読書室」

言葉だけではどんなものだったのかわからないが、幸いにもこの博覧会の模様は合衆国情報サーヴィス製作の記録映画としてアメリカ第二国立公文書館に残っていた。これを見ると、この映画はただの記録映画ではなく、登場する日本人に表情や視線やポーズなどで演技をさせていたことがわかる。記録映画というよりは宣伝映画だったのだ。

このなかで目をひくのは、うら若い女性がマジックハンドで原子炉の部品を操作する場面だ。こんな危険な操作を女性が、しかもマジックハンドを器用に使ってするというのが、なんとも印象的だった。

この映画は日本テレビの番組やニュース映像として利用された。また日本各地のアメリカンセンターやアメリカ文化センターで来訪者に視聴された。

「原子力平和利用博覧会」はＣＩＡも合衆国情報局も讀賣グループも驚く大成功を収めた。会場となった日比谷公園の二〇〇〇坪の敷地には連日長蛇の列ができた。この様子は前述の映画にも映像として残っているし、讀賣新聞も上空からヘリコプターで写真をとって「原子力にひかれる」という見出しの記事にしている。

一二月一二日に四二日間の会期を終えたときには、博覧会の総入場者数（讀賣新聞発表）は三六万七六六九人にのぼっていた。内訳は一般が一八万七九三人、学生九万四八六五人、団体一般が七七一七人、団体学生が七万四七三四人、招待入場者が九五六〇人。

これに対しＣＩＡは讀賣新聞とは違う統計を上げている。これはＣＩＡが入場者数の多寡よりも、つまり入場料収入よりも、この博覧会が日本人に与えた心理的効果を問題にしているためだ。まず入場者数だが、讀賣新聞の数字よりやや控えめに約三五万人と見ている。また、有料か招待か、個人か団体かは問題にせず、どのような社会的階層の日本人が来場し、それによってどのように原子力平和利用に関する考え方を変えたのか調査しようとしている。

したがって、分類も讀賣新聞とはまったく異なり、入場者の内訳を概《おおむ》ね学生四五パーセント、ホワイトカラー三三パーセント、労働者六パーセント、専門職、経営者、その他一一パーセントとしている（一〇〇パーセントにならないが原文のまま）。原子力平和利用に対する関心の高さにも注目していて、入場者の約六〇パーセント、約二〇万人が情報局製作のパンフレットを購入していて博覧会に対する強い関心がうかがわれると述べている。

さらに、合衆国情報局はこの博覧会の広報上の効果についても調査している。それによれば、入場者が持ち帰った二〇万人分のパンフレットに加えて、東京で発行している新聞だけでも博覧会を取り上げた日本語

大盛況の原子力平和利用博覧会　提供・讀賣新聞社

と英語のコラムは二万インチ（面白い数え方だがほかの文書でもこのように計測している）にのぼったとしている。入場者の数よりもはるかに多くの日本人に、アメリカの原子力平和利用にかける意気込みを伝えたことになる。

もちろんアメリカ側がもっとも重要視していたのは、この博覧会によって入場者の日本人の反原子力・反米意識をどう変えたかだ。パンフレットの販売に加えてアメリカ情報局は入場者にアンケートをとっていた。それによればこの博覧会の前と後では次のような変化があったとしている。

（1）生きているうちに原子力エネルギーから恩恵を被ることができると考える人。七六パーセントから八七パーセントへ増加。

（2）日本が本格的に原子力利用の研究を進めることに賛成な人。七六パーセントから八五パーセントへ増加。

（3）アメリカが原子力平和利用で長足の進歩を遂げたと思う人。五一パーセントから七一パーセントに増加。これに対しソ連の原子力平和利用についてては一九パーセントから九パーセントに減少。

（4）アメリカが心から日本と原子力のノウハウを共有したがっていると信じる人。
　四一パーセントから五三パーセントに増加。


　特に注目すべきは（3）である。アメリカの原子力平和利用が進歩したと思う人が二〇ポイント上がったのに対し、ソ連のほうは一〇ポイント下がった。原子力に対する日本人の考え方、またこれと絡めてアメリカ人に対する考え方を変える上でこの博覧会は絶大な効果を発揮したのだ。この博覧会はこのあとも地方へ会場を移して行われた。日本テレビの社史『大衆とともに25年』によればその後三年間にわたって全国二〇ヶ所で行われている。これは、反原子力・反米の世論を転換していく上で絶大な効果を発揮した。

　このような大成功をおさめたのだから、ハネムーン状態にある正力とCIAはさぞ甘い睦言《むつごと》を交わしていそうなものだが、実際には逆だった。「原子力平和利用博覧会」が大成功だということがわかるにつれて、CIAや合衆国情報局と正力のあいだに摩擦が起こり、それが大きくなっていった。

　それは正力の性《さが》ともいうべきもののせいだった。CIA文書は、日比谷公園に連日長蛇の列ができるようになると、正力は自分が讀賣グループを動かしたおかげでこうなったとアメリカ情報局やアメリカ大使館関係者の前で自慢したことを明らかにしている。

また別のCIA文書によれば、大使館員に、自分がこの博覧会を大成功させたという記事をロサンゼルスの新聞に掲載させろと正力が強く要求したという。おそらくホプキンスの自宅がロサンゼルスに比較的近いサンディエゴなので、彼に読ませたかったのだろう。

さらに、展示してある小型の原子炉を購入したいので、今すぐ手配しろとほとんど命令を下すかのように正力がいったとする記述さえ出てくる。何に使うのかとたずねると、自宅に持って帰って家庭用の発電に使うと答えた。もちろんこんなものを簡単に売ることはできないし、そもそも自宅で使える代物ではない。

そのほかにも、CIAの報告書にはあがってこないものの、いろいろなことで正力は合衆国情報局やアメリカ大使館関係者ともめごとを起こし、すっかり嫌われ者になっていたようだ。

しかし、このような奇矯な行動も、この頃正力がどのような政界工作をしていたかを見れば、彼の総理大臣にかける執念がさせたものだということがわかる。総理大臣を目指す政界工作はいよいよ重大な局面に差し掛かっていた。

第五章　動力炉で総理の椅子を引き寄せろ

アメリカから見た保守合同

日比谷公園での原子力平和利用博覧会が多くの人々で賑わっていた一九五五年後半、日本の戦後政治史上最大のイヴェント、保守大合同はいよいよ大詰めを迎えていた。その焦点は相変わらず初代総裁を誰にするかということだった。この問題をめぐって民主党と自由党のさまざまな勢力が熾烈《しれつ》な駆け引きを展開していた。一〇月六日のＣＩＡ文書は次のようにその動きを報告している。

1．鳩山一郎、岸信介、河野一郎、三木武吉が一〇月三日に会談して鳩山を（総理として）続投させることにした。緒方とは友好関係を保ちつつも、次期総理の椅子を約束はしないということだ。彼らの狙いは、緒方と政治的休戦をしておいて、その間に河野が集めた五〇〇〇万円で三〇ないし四〇の議席を買い、これによって絶対的過半数を得ることである。民主党は現在二〇〇議席。こうすれば保守合同は必要ない。

2．民主党は社会党の合同を心配していない。イデオロギー上の衝突ですぐに分裂する。鳩山は正力に総理を約束した。

ここからわかるのは、民主党幹部は最後まで「絶対合同すべきだ」とは考えていなかったということだ。自由党は「総裁公選」や「鳩山のあとは緒方」といった主張をしていたが、それに妥協せずに済む方策も模索していたということだ。つまり、合同の動きを一時棚上げにして「政治的休戦」をし、その間に河野が集めた五〇〇〇万円をばら撒いて新たに三〇ないし四〇議席を自陣営に加え、安定多数を握ろうというのだ。

このような多数派工作を展開しているなかでは、正力を絶対に自分たちの側に引き止めておく必要がある。前に見たように、正力は三木に二〇〇〇万円を渡している。五〇〇〇万円で三〇ないし四〇の議席が買えたのだから、正力が渡した二〇〇〇万円は大変な意味を持つ金だった。

赤字とはいえ、正力が讀賣グループからさらに資金を引き出すことは十分可能である。だから空手形でも鳩山は正力に総理を約束する必要があった。ここまで正力に対する政界の「需要」が高まってくると、それまでは想定していなかった化学反応が起きてきた。つまり、正力に擦《す》り寄るものが出てきたのだ。民主党で少数派閥を率いていた大麻唯男《おおあさただお》だ。一〇月のＣＩＡ文書（日付はない）にはこうある。

大麻唯男と正力松太郎は、保守大合同のあと正力を総理にすることで合意に達した。大麻はまず河野一郎を権力から遠ざけるために三木武吉と動き、それから三木を排除する気だ。大麻は正力とこのことについて一九五五年一〇月二三、二四日に話した。そしてこのことで三木と二八日に会うつもりだ。

もちろん、大麻も保守合同というより、そのあとの総裁選挙をにらんで動いていたのだろう。大麻は鳩山の民主党に合同する前は改進党に属していた。つまり、民主党の時代でさえ、河野や三木ら党内主流派に対し非主流派だった。その民主党と自由党が合同すれば、非主流派どころか弱小派閥になる。だからこそ、一年生議員の正力を自派に引き込み、河野派の勢力を切り崩そうとしているのだ。

鳩山の信任の厚い河野は、三木と違って若い。政権につけば長期政権になる可能性が大きい。河野とともに有力後継者と見られている岸にしても同じだ。彼らが総理大臣になれば、自分は総理大臣の目がなくなる。

ここはどうしても、正力を河野から引き離し、河野を権力から遠ざけなければならなかった。あるいは大麻は河野、岸、三木がすでにポスト鳩山は岸という密約を結んだことを知っていたのだろう。だからこそ、保守合同の前に正力を自派に取り込もうとしたと考えられる。これで正力は、鳩山と三木に加えて大麻まで正力総理の線でまとまった、かなり自分に有利になったと信じただろう。

そして、ついにその日がやってきた。一一月一五日、民主党と自由党は解党して一つに合体し、自由民主党という単一の巨大保守党が誕生した。世にいう保守大合同だ。これによって、現在まで続く（一九九三年に成立した細川連立政権等によって約一年中断するが）「五五年体制」が始まった。

しかしながら、この日、正力は総裁になれなかった。というより、誰もこの日は総裁に選ばれなかった。両党とも最後まで総裁のことでは妥協に達しなかったので、まず合同を先にして、役員（幹事長岸信介、総務会長石井光次郎）を選び、総裁選挙は改めて適当な時期を選んですることになったのだ。

したがって、正力が自民党総裁になるチャンスはついえたわけではなく、先送りされただけだ。そこで正力は引き続き原子力カードを総裁レースに最大限に利用しようとする。一二月六日のCIA文書は、その事情を伝えている。

1．正力は当初、防衛庁長官をオファーされていた。

2．正力はアメリカの当局にアピールするようキャンペーンを始めた。それは次のようなものだ。（1）原子力平和利用博覧会のことで大統領に手紙を書く、（2）正力の伝記をアメリカで出版する、（3）アジア原子力センターを日本に設置する、（4）訪米する。

3．同時に正力は大麻唯男とともに河野外しをしている。そして、大麻をバックに自分が総理大臣になろうとしている。

2の（2）にある「伝記の出版」が意味するところは、総理大臣候補としての正力の知名度をアメリカ側でも上げたいということだ。実際に、それらしき出版物がアメリカのハーバート・フーヴァー大統領図書館に収められている。この年の六月二五日に大日本雄弁会講談社（現講談社）から『伝記　正力松太郎』が出版されており、それをダイジェスト版にした英文パンフレットである（ヘンリー・ホールシューセン文書所蔵）。アメリカでの自伝の出版というのは、当時、総理大臣になる際の通過儀礼的な意味があったようで、岸も総理になる前にアメリカで出版している。

また、大統領宛てに原子力平和利用博覧会のことで感謝状を書くというのにもこの意味が込められているだろう。アメリカ側の全面的協力と援助を受けたのだから当然だとしても、そこには自分の存在をアピールするという政治的意図も含まれている。

大麻とともに河野外しに動いているというのは、どこまで本当かわからない。確かに河野は鳩山の側近中の側近で、当時は縦横無尽に政治手腕を振るっていたので、正力が総理大臣を目指すうえで邪魔な存在だ。しかし、大麻の誘いにのって河野の足を引っ張れば、鳩山派の勢力を弱めることになり、なによりも正力と鳩山の関係がおかしくなってしまう。正力が総裁になるためには鳩山の恩寵《おんちょう》にすがるしかないのだから、これでは元も子もなくなる。

また、大麻にしても、前にみたように鳩山と緒方が相譲らぬときは正力という可能性もあるので正力にアプローチしているのだろうが、その確率はきわめて低いということも知っている。したがって、保険を掛けておこうという思いはあったにせよ、主たる目的はやはり切り崩しだったと思われる。

それでもなお、いろいろな方面から声がかかり、「総理大臣候補」とちやほやされるのは正力としても気分がよかったに違いない。

このような状況にあったからこそ、正力は国内向けのニュースになるようなお手柄がのどから手が出るほど欲しかったのだ。それはアメリカから動力炉を入手する約束を取り付けたとか、フィリピンのマニラに建設予定のアジア原子力センターを日本に持ってくるとかといったことだ。これを実現できれば、讀賣グループを使ってたちまち大ニュースにしたてることができる。それは総理大臣の座を引き寄せることにも役立つ。

だからこそ前章で見たように、「自宅用に欲しいから展示してある小型原子炉を売ってくれ」という無茶苦茶な要求までしたのだ。かなり誇張されているのだろうが、これもまた、原子力関係で何としても話題を作りたいという欲から出たものだったのだろう。

死に物狂いの正力、突き放すCIA

正力のアメリカに対する要請はますます熱と具体性を帯びてくる。次の一二月八日付CIA文書はそれを示している。

協力者（柴田）によれば、正力はアメリカが日本に不利な決定を出したという報道に驚いて、アジア原子力センターを緊急に日本に設置したいと（アメリカ側に）懇願した。正力は、（1）反共産主義の国としてのアジアでの指導的役割を我々（アメリカ）が日本に担って欲しがっていることを指摘し、（2）センターの用地を準備するために、原子力委員会の設置法を臨時国会で審議しなければならないと強調した。

その翌日のCIA文書は総理大臣への野心を隠そうともしないポダムこと正力について次のように分析している。なお、文脈からして○○に入る固有名詞は柴田だろう。

最近の接触報告書が示しているように、最近ポダムの野望がかなり大きくなってきている。しかも政府での役割が大きくなったので、野望を満たすための彼の能力はきわめて大きくなっている。

我々がポダムを扱うようになったとき、彼の主たる興味は自分のテレビ事業の拡張として日本にマイクロ波通信網を完成することにあった。そのあと彼はそこから逸れて、原子力エネルギーの方に精力を向けるようになってしまった。

彼は今では総理大臣になると言っている。この最後の点について言えば、○○はポダムがそのポストにつく可能性がどのくらいあるのかはっきりしたことはいえないといっている。

○○は次のように強く感じている。ポダムの野望は、日本のさまざまな有力政治家や著名人たちのお追従《ついしょう》によって大きくなってきた。それは○○がポダムにかいがいしくへつらい、機嫌をとっているのとまったく同じだ。彼のメディア帝国は日本で最も中央集権的で、従って最もコントロールしやすく、大衆の心を搔き立てるという点では最も影響力が強い。これは多くの政治家が手に入れたがっているものだ。

一二月一三日付CIA文書によると、正力はアメリカ側に対してさらに攻勢をとり、前述の一二月八日付文書にもあるように、すでにマニラに建設することが決まっていた原子力センターを日本に強引に誘致しようとしていた。

1．今週にも法案が通過し、新しい原子力委員会の委員長になるポダムは、あらゆる手立てを使ってアジア原子力センターを日本に設置する決定をアメリカに求めてくるだろう。アメリカ政府は暫定的にマニラを選定しているが、日本にもスポンサーとして参加することを望んでいると返答しておいた。

これでも埒《らち》が明かないと思ったのか、正力はＣＩＡや大使館関係者の機嫌を損ねることを承知でジェネラル・ダイナミックス社のウェルシュにまで頼みこんでいる。次の引用にもあるようにまさに「死に物狂い」だったのだ。

2．○○はウェルシュに先週二回電話して、センターを日本に持ってくる可能性を追求するように、もし可能なら、（決定プロセスに）介入するように求めている。もしそれができなかったなら、日本に動力炉を設置する約束をするとか、あるいは他のはっきりした日本のエネルギー開発に関して、ＯＤＹＯＫＥ（アメリカ原子力委員会）が支持しているという証拠を得るよう求めた。現在のところウェルシュは表面的には協力的だが、アメリカ政府はこのことをあまり強く勧めているように見えないようにしたい。というのもこれは民間企業の利益に関わることだからだ。ポダムは日本にとって有利な決定を得るため今週井口（貞夫）大使にアメリカ政府に陳情させることにしている。

3．ポダムは原子力のことに死に物狂いになっていて、自分の政治家としての未来は現内閣が続いているあいだにこの分野で何がしかの成功を収めることにかかっていると感じている。

しかし、正力の原子力導入への情熱が熱を帯びれば帯びるほど、ＣＩＡのほうは逆に冷めて行った。繰り返し述べているように、アメリカは「アトムズ・フォー・ピース」政策においても日本など旧敵国に関する限り援助に積極的ではなかった。核兵器の原料を生産できる動力炉を日本に渡すなど問題外だった。「原子力平和利用博覧会」では正力を引き入れたが、それは反原子力・反米の動きを鎮める心理戦に利用しようと思っただけだ。それさえも、懐疑論と慎重論がいろいろあったのだ。正力の動力炉獲得工作に手を貸そうという気はCIAにはさらさらなかった。正力がこのメディア・キャンペーンを利用して政治的求心力を持つことすら好ましいことだと考えていなかったが、これはやむをえないことだと諦めていた。

したがって、一二月二日付の文書でこのように決定している。「ポダムに対する○○の強い反感に鑑《かんが》み、○○の求めによりDISEMは取り消す」。

この「DISEM」は当時の文脈からいってマイクロ波通信網建設支援計画だと考えられる。というのも、当時正力がCIAとともに携わっていた作戦は、「アトムズ・フォー・ピース」のメディア・キャンペーンとマイクロ波通信網建設支援計画だが、前者はいまさら取り消せないし、このあとも地方で数年「原子力平和利用博覧会」を続けたことからも取り消していないことがわかる。残りは、アメリカ側にとっては取り消しても実害がないマイクロ波通信網建設支援計画だけだ。それにDISEMはDissemination（情報・知識を広めること）に通じ、マイクロ波通信網の名称にふさわしい。

実は、「原子力平和利用博覧会」が大成功だとわかり、正力の態度がいよいよ尊大になった頃から、CIAのなかでは正力に対する警戒を強め、関係をもう一度見直すべきだという論議が起こっていた。次の一二月九日付の文書はそれを明らかにしている。

ポダムは我々が彼になにかできるうちは我々の要求に耳を貸すだろう。（中略）我々と彼が結びついているということは、日本が大いなる力を取り戻す努力に我々も相乗りしているということだ。この男がしていることが最終的になにをもたらすかを考えると唖然《あぜん》とせざるをえず、それは軽視できることではない。

一つ取り上げれば、マイクロ波通信網構想だ。これが完成すれば、必然的にすべての自由アジア諸国に影響を与えることのできる途方もないプロパガンダ機関を日本人の手に渡すということになってしまう。

原子力エネルギーについての申し出を受け入れれば、必然的に日本に原子爆弾を所有させるということになる。これらは、トラブルメーカーとしての潜在能力においてだけだとしても、日本を世界列強のなかでも第一級の国家にする道具となりうる。

ここではっきりするのは、アメリカが正力にマイクロ波通信網と動力炉を渡すことができない理由だ。これらを渡せば、日本はアジアに強力な影響力を持つプロパガンダの道具を所有したうえ、原爆すら所有しかねない、それではまた先の大戦のようなトラブルを引き起こしかねない、と見ていたのである。そして、何よりも相手の正力が「我々が彼になにかできるうちは我々の要求に耳を貸す」タイプの人間であって、心から信用できる相手ではないということだ。同様の表現はすでに四ヶ月前、八月一六日の文書にも見られる。

彼のCIAに対する興味は、アメリカに対する彼の要求に我々がどう応えるかということである。我々が、彼が自分で手に入れることができないものを、彼のために手に入れてやれるということを示すことができるなら、そのときのみ、彼は我々とテーブルについてCIAにとって具体的結果が出る工作をやってみるかどうかについて話し合うことができる。

要するに正力は利にさとい、食えないやつだということだ。CIAも現実主義者なので、「善意」からCIAに協力しようという日本人などいないことをよく知っている。正力だけでなく、彼らに関わろうとする日本人はみな腹に一物を持っている。それは仕方がないにしても、問題はCIAが常に正力の欲しがるものを与え続け、それによってコントロールし続けることができるかということだ。ものがものだけに場合によっては、与えてしまった後はコントロールできなくなり、後で大変なことになる。それをＣＩＡは懸念していた。

今心配なのは、我々がアプローチして彼らに与えようとしているものは、長い間に渡ってこちらが関与できない、したがってコントロールできなくなるタイプのものだということだ。いったん日本人が手に入れれば、これらは彼らによる運営と利用に委ねられてしまうだろう。

このことに関して我々がただ感謝されるためだけに彼らにアプローチするなら、戦時中にとても人気があった漫画の現代版を生み出すだけだろう。その漫画というのは、我々が何か彼らに要求するたびに彼らは「すみません」といって肩をすぼめるだけというものだ。

つまり、いったん動力炉やマイクロ波通信網を渡してしまったら、それらは日本の管理と保守にまかされ、しかも、アメリカの手をかりることなく運営し、利用できるので、もはやアメリカはそれによって日本をコントロールできなくなるということだ。したがって、アメリカがそれについて何か苦情をいっても、戦時中の人気漫画の日本人のようにただ「すみません」といって肩をすぼめるだけですまされてしまう。

ここには日本人に対する強い偏見と不信感があるともいえるが、まんざら外れてもいないように思われる。正力に関しては、大いに当たっているといえる。

このように、正力とCIAとの関係の破綻は避けられないものだった。原子力平和利用キャンペーンの段階では利害が一致しても、正力は最終的に動力炉獲得を目標にし、CIAはそれを与えるつもりはないのだからいずれ破局が訪れることになっていたのだ。

とはいえ、CIAは決して正力を騙《だま》したわけではなかった。CIAは一度たりとも動力炉を手に入れるうえで便宜を与えると正力に約束したことはなかった。マニラに建設予定の原子力センターについて、正力が計画変更して日本に持ってくるよう要請したときも、即座にそのような意向はないと伝えてきた。

総理大臣の椅子を目前にしていると思っている正力が相手のメッセージをしっかり受け止めなかっただけだ。いや、受け止めるわけにはいかなかったのだ。

科学プロパガンダ映画『わが友原子力』

日本で「原子力平和利用博覧会」が企画されていた頃と前後して、合衆国情報局次長のアボット・ウォッシュバーンが原子力平和利用の国内向けのPR作戦を練っていた。実のところアメリカ政府は、同盟国や第三世界にこの政策を訴えることにかまけて、国内向けの啓発活動はなおざりにしていた。そろそろアメリカ国民にも自国の持つ原子力活用技術の素晴らしさに目覚めてもらわなければならない。

ウォッシュバーンが考えたのは「アトムズ・フォー・ピース」をわかりやすく解説した科学映画を作り、これをテレビ放送しようというものだった。彼は一九五五年一二月二〇日にアイゼンハワー大統領に宛てた書簡のなかで「私たちはアトムズ・フォー・ピースのアニメーションについてウォルト・ディズニーと友好的な話し合いを持ちました。ちなみにディズニーの海外での観客数は、どの同業者のそれをも凌《しの》ぎます（合衆国情報局文書）」と記している。

原子力平和利用についての啓発的番組というヒントから、ここでいわれている「アトムズ・フォー・ピースのアニメーション」をこの時期にディズニーが作った作品群のなかで探すと、該当する作品は一本だけ。ただし、オール・アニメーションではなく実写とアニメーションを交えた科学映画『わが友原子力』である。

この作品をディズニーに依頼したのは合衆国海軍とジェネラル・ダイナミックス社なのだから、この軍事産業は一九五五年の末までにはディズニーと結びついていたとみられる。といってもこれは公文書から確認できるもっとも遅い時期で、それ以前、すなわち原潜ノーチラス号が進水した頃に接点があった可能性が高い。国防総省が原潜ノーチラス号のPRに力を入れ始めた時期だからだ。

ウォッシュバーンは合衆国情報局次長という立場上、日本での「原子力平和利用博覧会」の責任者でもあったわけだが、その前歴は心理戦局の次長にして、「ラジオ自由ヨーロッパ」という団体の事務局長というものだった。心理戦局は前に説明ずみなので、「ラジオ自由ヨーロッパ」のほうを簡単に説明すると、この団体は共産主義に蹂躙《じゅうりん》されているヨーロッパの国々の人々に自由と解放を呼びかけるという目的で設立された「民間団体」というのが表向きの顔だった。だがその実、CIAによって運営された謀略放送だった。

このような経歴の持ち主が合衆国情報局次長になって『わが友原子力』や原子力平和利用博覧会などのメディア・キャンペーンのプロデュースを手がけたのだということは

記憶にとどめておくべきだろう。

　ウォッシュバーンは世界中で十数億の人々の心を摑んでいるディズニーに目をつけた。ディズニーならば、そのイマジネーションによって、プロパガンダくささを感じさせずに原子力の平和利用がもたらす明るい未来を描いてくれるだろう。核兵器を連想させる原子力の暗い負のイメージをアニメーションによって減殺して、神秘的で素晴らしい力を秘めたものとして印象付けてくれるだろう。そう考えたのだ。

　もともとディズニーは戦前からこの方面で「実績」があった。一九四〇年、国務省は中南米諸国がナチスになびかないよう、米州調整局（Coordinator of Inter America Affairs）を設立し、親米プロパガンダ・キャンペーンを始めた。その一環としてウォルト・ディズニーと幹部アニメーターを中南米諸国に文化使節団として派遣し、そこで文化交流を行うとともにアニメーション映画を製作させることにした。この地域でドナルド・ダックがきわめて高い人気を誇っていることから見て、アニメーションならばそこに潜んでいるプロパガンダをうまく隠せるだろうと考えた。このとき製作されたのがアニメーション・実写合成の『三人の騎士』だ。

　このあとアメリカが日本やドイツとの戦争に入るとこの部局は、この両国のプロパガンダにカウンター・プロパガンダを行う戦時情報局（ＯＷＩ）と統合される。この戦時情報局が一九四二年にヨーロッパ戦線向けにおこなったカウンター・プロパガンダ放送こそ、今日まで連綿と続いているＶＯＡだ。

『わが友原子力』も、ジェネラル・ダイナミックス社と海軍がディズニーに作らせ、合衆国情報局が国内に広めようとした科学映画だった。今から考えると不思議なのだが、当時海軍は潜水艦のエンジンに原子炉を使うことを平和利用として宣伝していた。この映画が企画されたときすでに、正力がジェネラル・ダイナミックス社や合衆国情報局を通じてディズニーに結びつく伏線ができていたのだ。

『わが友原子力』は、現在『ディズニー・トレジャーズ―トモロウランド』というＤＶＤのなかに収められている。このなかでホストを務めるウォルトは、原子力をアラジンの魔法のランプの精になぞらえ、その力を発見した古代ギリシア人、キュリー夫人、アインシュタインなどを紹介しながら、それがどんな力を秘めているかをわかりやすく解説していく。そして、核兵器のほかに、潜水艦、飛行機、発電所の動力に、また放射線治療や農作物の成長促進などにも使われている例をあげていく。最後に、この力は賢明に用いれば人類に幸福をもたらすが、使い方を誤れば破滅をもたらすと結んでいる。

注意してみると、冒頭の場面に原潜ノーチラス号が出てくる。ウォルトは画面のこちら側の視聴者に向けて話を切り出すのだが、このときウォルトが手で指し示しているのが原潜ノーチラス号の模型なのだ。書籍化された『わが友原子力』のほうにもノーチラス号がでてきてその船体のなかの原子炉の構造が詳細に図解されている。海軍とジェネラル・ダイナミックス社のPRをすることも製作目的の一つだからだ。

映画では、冒頭の場面のあとにディズニーの大ヒット映画『海底二万哩《マイル》』からとった映像が続いていく。この映画に登場する潜水艦もノーチラス号というが、これは偶然ではなく、ジェネラル・ダイナミックス社がこの映画の原作になったジュール・ベルヌの同名の小説にでてくる無敵の潜水艦にちなんで名づけたのだ。したがって、原潜ノーチラス号がでてきたあとに同名の潜水艦が活躍する『海底二万哩』の場面を続けるのは巧みな構成といえる。見方によっては、『わが友原子力』がそうであるように、『海底二万哩』もまた原潜ノーチラス号の宣伝映画だったといえなくもない。

いずれにせよ、この『わが友原子力』が日本でも連鎖反応を起こし、それが日本の大衆文化に大きな影響を与えることになる。

第六章　ついに対決した正力とＣＩＡ

総理の椅子に肉薄

年が明けて一九五六年一月一日、総理府原子力委員会が発足。正力は原子力委員長に就任した。いよいよ日本の原子力行政を取り仕切る地位に就き、意欲満々であった。ここで実績をあげれば、三ヶ月後に予定されている自由民主党の初代総裁選挙にも好影響を与えるだろうし、総理大臣の座にいよいよ手が届く。そう思った正力は、一月五日に早速第一回の原子力委員会を開き、会議の終了後にはマスコミに向かって次のようにぶちあげた。

1．一〇年以内に原子力発電を行うという従来の計画では遅すぎるので、五年以内に採算の取れる原子力発電所を建設したい。

2. そのためには単なる研究炉ではなく、動力炉の施設、技術等一切を導入するために、アメリカと動力協定を締結する必要がある。
3. これは昨日の第一回原子力委員会のほぼ一致した意見である。

五年以内に原子力発電を行うというのは総理大臣を目指す正力が原子力導入の旗頭となることを決意したときからの目標だ。だが、当時はなかなかこのことをはっきり言えない雰囲気があった。アメリカとの間のいわゆる「動力協定」の問題があったからだ。

アメリカは前年に濃縮ウランの提供を申し出た際、秘密保持を条件として付けてきた。秘密保持の趣旨はアメリカが供与する知識や技術が国外（とくに共産主義国）に漏れないよう万全の態勢を取れというものなのだが、秘密とはなにを指し、だれにどの範囲までそれを守ることを義務付けるのか判断し難《がた》かった。そのためこの問題はすでに「アトムズ・フォー・ピース」のときから国会で論議を呼んでいた。研究開発とは多くの人々が知識と技術を共有することでもあるのだから、秘密の保持を厳密に行えば、研究開発が進まないということになる。従って、こんな条件つきの知識・技術供与をされても、かえって日本の原子力開発の手かせ足かせになるという意見も学界から出ていた。

濃縮ウラン提供の際は、これに加えて「将来原子力を発電用に使用するときは、両国はさらに協議して協定をむすぶこと」という動力協定の条件までアメリカは付けていた。つまり、提供したウランを原子力発電に用いる場合は、さらに新たな、そして厳しい条件を付けるというのだ。

協定によって制約を加えようとアメリカが考えるのも無理のないことではある。動力炉は核兵器の材料を産み出すこともできるため、そもそもアメリカは日本が原子力発電を行うことを望ましくないと考えていたからだ。

このような状況で正力が原子力発電を推進すると発言すれば、アメリカを刺激して濃縮ウランや技術供与など、現に受けているさまざまな援助まで受けにくくなる恐れがある。研究開発に携わる学者たちにとっては、これは迷惑きわまりないことだった。正力にとっては原子力イコール発電だが、学者たちにとってそれは平和利用のうちの一分野にすぎなかった。

このような状況下にもかかわらず、正力には委員長としての第一声でやはり「五年以内に採算の取れる原子力発電所」の建設を強くアピールしなければならない事情があった。というのもこの原子力委員会が発足する前にあった原子力利用準備調査会がすでに重要な決定を下してしまっていたからだ。この前年の六月から開かれていた同会の会合では、一一月までに次のような方針を決定していた。

1．日米原子力協定に基づく輸入第一号原子炉をウォーターボイラー型研究炉とする。
2．輸入第二号炉はＣＰ－５型研究炉とする。
3．関西方面の原子力研究に資するため、輸入三号炉としてはスイミングプール型研究炉を考慮すること。
4．これと並行的に国産原子炉設計委員会において提案された国産第一号原子炉（天然ウラン重水型）を一九五九年までに建設すること。

つまり、研究炉に関してはほとんどのことが決定済みだったといってよい。これ以上の手柄を立てようとした場合、正力はどうしても動力炉建設と商業発電の早期実現をアピールするしかなかった。それしか自らの新聞やテレビに取り上げさせられるようなものは残っていないからだ。

湯川など学者は正力の発表に反発した。この内容では、原子力委員会は発電という狭い実用分野のみ問題にし、それに関して正力に諮問《しもん》するだけの委員会だと世間の人々に思われてしまうから、当然だ。学者たちは、この委員会が原子力に関するさまざまな研究開発を長期的に計画し、実行して、日本の原子力研究を発展させることを期待していた。だから、正力の動力協定についての発言は、彼らの神経を逆なでするものだったのだ。

この反発にあって正力は、いったんは「決定したということではない」と取り消したが、一月一三日には「今後五年間に原子力発電の実現に成功したい意気込みである」とやや和らげた表現ながら、元の主張に戻った。船出して早々、けちがついた形だが、政治生命にかかわるというものではなかった。むしろ、この月が終わる頃起こったことのほうが正力にとって痛かった。いや彼だけでなく、多くの有力政治家の運命もそれによって変わってしまった。

風邪をひいて熱海のホテルで静養していた緒方が、一月二八日、心臓発作を起こして急死してしまったのだ。

これによって、総裁の座をめぐって鳩山、緒方がともに譲らない場合は、正力を立てて事態を収拾するというシナリオは崩れ去ってしまった。言論界で最大のライバルだった男の死は、皮肉なことに同じ政治家となって総理大臣を目指している正力の絶好の機会を奪い去ってしまったのだ。

　これと前後して河野のもとには多額の資金が集まり始めていた。これを一九五六年二月付ＣＩＡ文書は「今、日本でもっとも金持ちなのは河野だ。河野は鳩山派にきた請求書を全部支払っている」と記している。

　なぜ河野に金が集まるのかといえば、総裁選挙の多数派工作をしていたからだ。日本自由党立ち上げのときと同じく、児玉誉士夫などから政治資金が流れ込んでいたのだろう。ＣＩＡ児玉ファイルはこの児玉と河野の密やかな関係にも触れている。

　たとえば、一九五五年七月二八日付ＣＩＡ文書は、河野が農林大臣だったとき、児玉が八万樽ものあずきを買い占めて先物市場で九〇〇〇万円利益を上げたと報告している。そしてこの買占めの資金を児玉に提供したのは河野と右翼の大物、三浦義一だった、ともある。この二人は家を抵当に入れて資金を調達し、それを児玉に渡したということも報告されているので、利益があがることを確信していたことになる。この九〇〇〇万円の相当部分が保守大合同と総裁選挙の際に鳩山派の活動資金になったと見られる。

　もっとも、これはあくまでも児玉・河野の政治資金調達工作のごく一例にすぎない。

文書にははっきりとでてこないが、CIAが児玉から軍需物資を買った代金が政治資金に回ったケースもあっただろう。

そもそもCIAが保守大合同に資金を提供したという噂は昔からあった。そうだとすれば、そのルートの一つはこのCIA・児玉・河野ラインだっただろう。また、このルートの場合、CIAはただ間に入った人間に金をやったというよりは、児玉などが隠匿《いんとく》していた物資を買い取り、その代金として児玉に資金を与え、それを保守政治家に献金させるという形をとったと思われる。

というのも、CIAは朝鮮戦争のときにも、似たようなやりかたで、日本で活動していたアメリカの心理戦グループに活動資金を与えたことがあったからだ。このときのCIAは、このグループの中心人物ユージン・ドゥマンにタングステンの調達資金として三〇〇万ドル（当時は一ドル三六〇円なのでおよそ一一億円）を与えた。だが、彼が日本の有力者との間に持っているコネを利用すれば、児玉らが隠匿していたタングステンをはるかに安い金額で買い叩けるので、かなりの差額が生じることを知っていた。つまり、これはタングステン調達に姿を借りたドゥマンへの資金援助だったのだ。この作戦はタングステンの元素記号がWだったことから「W作戦」と呼ばれた。

ドゥマンとは日米開戦当時の前駐日アメリカ大使館参事官で、戦時中は国務省高官として「初期対日占領計画」を立案し、戦後はジャパン・ロビーの中心的メンバーになった人物だ。ジャパン・ロビーとは、マッカーサーに圧力をかけ「財閥解体」「公職追放」など初期の政策から「財閥温存」「追放解除」「左派勢力の追放」という正反対の政策へと舵を切らせた国務省の旧幹部を中心とするロビイストのことだ。第一章で触れたキャッスルはこのグループの議長だった。彼らはＣＩＡとも結びつき、戦後の日本の政治とメディアを陰で動かしていた。

一九五五年当時アメリカは前年に結ばれた日米相互防衛援助協定にもとづき日本に総額二億ドルもの援助をつぎ込んでいた。このため巨額の取引が数多くあった。児玉の隠匿していた軍需物資を買い上げる形で日本の政治家に資金を与えてもそれほど目立たなかったのだ。ちなみに軍需物資と戦闘機や航空機を入れ替えれば、後のロッキード事件、ダグラス・グラマン事件と構造が同じだということがわかる。

このように潤沢な資金を持つ鳩山派の工作にあったためか、旧自由党議員は総裁選挙に際して二つに割れてしまった。民主・自由合同の際、自由党からは緒方派の石井光次郎が総務会長として三役入りしていたので、彼を緒方の後継者として結束を図ったが、吉田派は池田勇人を担いで別派を作ってしまった。これで旧自由党議員が一致して総裁候補者を擁立することができなくなった。

この時点で鳩山の不戦勝が確定した。一九五六年四月五日、自由民主党第二回臨時党大会が開かれ、鳩山は正式に初代自由民主党総裁に選出された。

これで正力総理大臣の可能性はかなり小さくなってしまった。だが、完全に消えたわけではなかった。正力と仲のいい鳩山が総理を辞める際に彼にお鉢を回す可能性はまだ残っていた。そこで正力は失望を抑えつつ、次のステップに進んだ。

五月一九日、より重要なポストである科学技術庁の初代長官（原子力委員長兼任）を引き受けたのである。

東海村の選定

話は少し前後するが、緒方が亡くなって総理大臣の可能性が当分のあいだなくなった頃、正力は原子力委員長として重要な問題に取り組んでいた。日本原子力研究所の敷地の選定だ。すでに前年の一二月に経済企画庁が「関東地方の国有地で約五〇万坪の広さを持つところ」という条件で二〇の候補地を挙げていた。このなかからさらに絞り込もうとすると、国会の原子力合同委員会メンバーの中曽根康弘の地元、群馬県高崎や、同じく委員の一人、志村茂治（社会党）の地元の神奈川県武山が誘致運動を始めた。
最終的に原子力委員会は武山を第一候補地として政府に報告したが、政府が四月六日に再考を促すと返答して、覆《くつがえ》してしまった。
原子力委員会設置法第三条には「委員会の決定はこれを政府が尊重すること」とあるので湯川秀樹、有沢広巳、藤岡由夫など学界出身の委員は大いに不平をならしたが、正力と石川一郎の説得によって、決定が差し戻され、しかもその六日のうちに一転して茨城県の東海村に決まってしまった。『日本の原子力』は、この決定逆転には次のような裏があったとしている。

まず、政府部内には、社会党の志村氏の推薦したところに決めるというのはどうも具合が悪いという判断があった。さらに、防衛庁筋やそちらに近い議員の多くは、武山返還はたとえ米軍がＯＫしても、許しがたい。もし返還されるなら、防衛庁がほしい、という猛運動があった。

また、正力委員長自身、最初の委員会が〝宣言〟した通り、できる限り早く〝原子

東海村で鍬入れをする正力（1956年８月）
提供・讀賣新聞社

力発電所〃を建設したいというハラをもっており、東海村の百万坪という広い敷地を確保しておくことに、初めから固執していた。茨城県の大久保留次郎代議士からは、早くから強い陳情を受けていた。

つまり、武山はもともと当て馬で、正力は原子力委員会の答申がどうあれ、最初から東海村に決めていたのだ。前にも見たように、彼は一九五五年の一二月からしきりにアジア原子力センターをマニラではなく日本に作るように、アメリカに求め、同月七日付のＣＩＡ文書では敷地の選定にも言及していたくらいだ。だから、正力は早急に敷地を確保しておく必要があったのだ。その際、もっとも好ましいのが東海村だった。研究所とともに研究用の原子炉と原子力発電所の敷地も確保できる一〇〇万坪の広さがあるからだ。

それに、ここを選定するように働きかけている大久保代議士と正力は仲がよかった。

鳩山の日記を読むと、この二人は鳩山が吉田と対立していた一九五二年に何度か連れだって伊豆の韮山に鳩山を訪ね和解工作を行っている。

東海村選定の真相は、正力が鳩山と連携プレーをして政府に候補地の再考を促させ、あとは決定を急がなければと委員をせきたてて思いのままにしたということだ。

原子力委員長として初めて重要な決定を下して正力は自信を深めたことだろう。何日かはわからないが、CIA文書はこの頃正力とCIA局員が直接に接触したとしている。その折の報告なのか、四月三〇日付のCIA文書は、正力が首相候補となっているだけでなく、なった場合の公約まで述べていると伝えている。


正力が鳩山から支持を受けて次の首相になる可能性は少しある。正力は長年の友情に基づき三木も支持してくれると信じていて、自分が選ばれることが確実になっていると思っている。ただし正力は金を使って首相の座を手に入れることはしないことを決心している。というのも、このような行動をとるならその後のいろいろな目論み(公衆電気通信法の改定とマイクロ波通信網の建設など)が実行不可能になると考えているからだ。正力は、首相になったら日本の政府機構を合理化し、公務員を削減することを公約している。また、彼は憲法の非武装条項を修正しようと思っている。

「日本の政府機構を合理化し、公務員を削減する」とは、独自の経営方針で讀賣新聞を三大全国紙の一角に押し上げた正力ならばいいそうなことだ。「憲法改正」、とりわけ第九条の変更については日本再建連盟の同志であった岸がとくに熱心だった。また、当時国会で憲法改正委員会設置法が審議されていたことからもわかるように、この問題はこの頃論議の的となっていた。

アメリカ側にとってもこれはきわめて関心が高いテーマだった。アメリカが保守大合同と岸を陰で支援したのは、まさしく日本に憲法を改正させ、再軍備させたいと考えたからだ。これは今日にいたるまで変わっていない。

もっとも、この再軍備とは、有事の際にアメリカの負担と犠牲を減らすことを目的とする通常兵力によるものであって、アメリカにとっても脅威となるような核兵器を含むものを想定しているのではないことを断っておこう。だから吉田が反対したのだ。

大嶽秀夫も『再軍備とナショナリズム』のなかで、吉田は必ずしも再軍備に反対ではなかったと主張している。要するに、「朝鮮戦争でアメリカ軍が三個師団足りなくなったから、日本に三個師団分の保安隊を作れ」、「アメリカ軍はつまらない仕事をしたくないので保安隊は後方支援や掃海などをやれ」と言ってくるアメリカの都合による再軍備をしたくなかっただけだ。

原子力朝貢外交

正力が入閣する直前の四月末、それまで正力を酷評し、嫌っていたにもかかわらず、ＣＩＡは国務省やアメリカ原子力委員会とともに正力に援助を与えることを検討し始めていた。これはこの年の三月に正力が、イギリス燃料省のジェフリー・ロイド卿を招いたことにＣＩＡが敏感に反応したためだった。

ロイド卿はイギリス・コルダーホールに原子炉を用いた商業発電所を建設しており、その発電コストは一ｋＷｈあたり〇・六ペンスが見込まれるといって大いに正力の気を引いていた。下手をすると正力は、アメリカが協力しないのならばイギリスから動力炉を輸入すると言い出すかもしれなかった。それを防ぐためには、アメリカはなんらかの援助を正力に与えて自分たちの側に引き留めておく必要があった。五月五日付ＣＩＡ文書は次のようになっている。

四月二六日の会談の結果、ＡＥＣ（原子力委員会）、国務省とともに正力に援助を与えることを検討している。

ＡＥＣの国際局のジョン・ホールは正力に援助を与えることに同調していて、この関連ならばどのようなことであれ手を貸すつもりがある。最近アルゴンヌ国立研究所を退職したディレクターのウォルター・ツィンを親善使節として日本ＡＥＣに派遣することを示唆していて、アリソン駐日大使もこの訪問に熱狂的に賛成している。だが、いまのところ公式のアクションはとられていない。ホールは使節団に関して、正力を助け日本の原子力委員会をひとり立ちさせるために日本に行こうというトップオーガナイザーが何人かいるといっている。もし、正力がアリソン駐日大使かストローズ提督に、彼の原子力委員会を発展させるためにアメリカ側の借款を求めるなどの協力を要請してきたならば、国務省としてはこの求めに応じるつもりだ。

要は正力に、アメリカの原子力委員会の経験者を遣わしてノウハウを授けようというのだ。そして、話は例によってその使節団のことを誰が申し出るか、その費用は誰が負担するかという問題へ行き着く。

私たちは正力に、ＡＥＣのストローズ委員長に手紙を書いて、自らの希望を表明するように勧めた。つまり、日本の使節団をアメリカに送ったり、アメリカ側の人間を日本に招いたりする計画について、自らアメリカを訪れて（アメリカ側と）話し合いたいという彼の希望をである。

訪問のイニシアティブは正力がとらなければならない。なぜなら、アメリカ政府が日本を援助することに固執しているように見えないようにしなければならないからである。ストローズ委員長は、正力からの手紙を受け取れば、ドイツ原子力委員会委員長フランツ・シュトラウスのために行ったのと同様の、非公式訪問を含めたアレンジメントを提供しよう。

公式招待で問題なのは、要人というものはしばしば訪問費用が当然アメリカ持ちだと思い込むことだ。だが、ストローズ委員長は今回の正力の訪問のようなケースではいかなる財源も持っていない。正力が、費用を自分持ちで、あるいはアメリカとは関係のない資金を使って訪問するならば、ＡＥＣも国務省も大歓迎である。

つまり、アメリカがこのことで日本の原子力委員会を助けたがっているように見えてはならないので、このような使節団の申し出は正力がしなければならないということだ。そのためには、まず正力自らがお願いのために自前で（あるいは日本政府持ちで）訪米しなくてはならないことになる。また、手続きとしてまずＡＥＣのルイス・ストローズ委員長に手紙を書かなければならないともいう。

費用は日本持ち、招待ではなく日本からお願いすること、これらの条件を飲めば正力に原子力委員会を運営していくための手助けとなる顧問団を派遣しようというのだ。

これはまるで朝貢だ。恭《うやうや》しく臣下の礼をとり、親書を携えてアメリカに来い、そうすれば使節団を派遣し、ノウハウを授けようというのだ。しかもここで注意しなければならないのは、それでも正力が死ぬほど欲しがっている動力炉を与えようとはいっていないことだ。原子力委員会の運営のノウハウについて援助はするが、正力が動力炉を手に入れるうえでなんらかの協力を与えようとは一言もいっていない。動力炉の提供と他の援助とのあいだには明確に一線が引かれている。恭順の意を表し、臣下の礼をとってワシントンまでやってきても、動力炉だけはどうしても下賜《かし》してもらえないのである。

ついにＣＩＡと決別

そこへ五月一六日、ロイド卿の推薦を受けたクリストファー・ヒントン卿がイギリスからやってきた。彼はコルダーホール発電所建設の最高責任者だった。来日の翌日そうそう、ヒントンを講師とする「原子力発電の技術的諸問題講演会」が東京會舘で開催された。この模様は日本テレビで放送された。この講演会でヒントンは次のように述べた。

「コルダーホール型原子炉は試験済みのものとしては世界唯一のもので、コストは一ｋＷｈあたり〇・六ペンスで十分火力発電と競争できる。

イギリスの原子炉を導入する場合、最初から一〇万ｋＷ以上の大きさのものにするべきで、小型の実験炉は必要ない」

アメリカは様子を見ろというが、イギリスでは発電量一〇万ｋＷ以上で、発電コストでは火力発電とも競争できる大型

ヒントン卿の講演会　提供・讀賣新聞社

原子炉発電が稼動しようとしている。しかも、それを日本に輸出する用意があるという。

正力はわが意を得たりとばかり、会う人ごとにヒントン卿の話を吹聴《ふいちょう》した。だが彼は、自分がこのようにイギリスの動力炉に好意的になっていると知って、アメリカ側がどう出てくるか確かめなければならないと思っていた。

そこでアメリカ側にアメリカ原子力委員会の専門家の日本派遣と自らの訪米への協力を要請した。本音はアメリカ原子力委員会の関係者を訪日させて、場合によってはそのあと自分が訪米して、当事者から意向を聞きたいということだ。つまり、日本に原子力センターを建設するのか、それができないのなら日本に動力炉だけでも与えるのか、そのどちらもしないのかということだ。

アメリカ側は正力の要請を受けてアジア原子力センター建設のための調査団を送ってきた。だが、六月三日に来日したブルックヘヴン調査団の団長マーヴィン・フォックスは次のようにしか言わなかった。

1．イギリス製原子炉は建設費がアメリカ製原子炉よりはるかに高いはずなのにコストが〇・六ペンスというのはおかしい。また、イギリス製は技術的問題が多い。

2．（日本の）電力需要さえ許すなら、目下建設中のアメリカが原子炉について詳細なデータを得られる一九六一年ごろまで（動力炉を）待つのが賢明だ。

フォックスらはヒントン卿の述べたことを批判するばかりで、日本に原子力センターを作るとも、動力炉を与えるともいわなかった。とりわけ最後の言葉は正力を激怒させた。つまり、詳細なデータがでる五年後まで決定を先送りするというのだ。

これでも諦めない正力は、自分の意思を直接伝えるために、アメリカ原子力委員会の専門家を日本へ派遣するよう求めた。これに対する意向を六月一八日付ＣＩＡ報告書はこのように表明している。

3．（前略）ポダムは左記の住所のストローズ委員長に手紙を書かねばならない。そして、右に述べられているような理由で日本側のアメリカ原子力委員会の専門家を招く計画について話し合うため自費でアメリカを訪れたいと述べなければならない。

4．ストローズが手紙を受け取ったら、アメリカへの非公式訪問の許可がおりるだろう。国務省もアメリカ原子力委員会も正力に旅費を出す立場にない。もしＣＩＡが彼の出費を負担すべきだと思うなら、そうするだろう。しかし、最小限の費用しか出したくない。いずれにしても必要なドルの交換は手配する。専門家の旅費はアメリカ原子力委員会が持つだろう。

やはり「費用は日本持ち」「招待ではなく非公式訪問」という方針は変わっていない。このアメリカ側の意向が伝わると、ついに正力はアメリカと決別することを決意する。正力の気持ちは次のようなものだっただろう。

これまで、「原子力平和利用使節団」のメディア・キャンペーン、讀賣グループの記者たちが得た情報の提供、「原子力平和利用博覧会」のメディア・キャンペーンなど随分ＣＩＡや合衆国情報局を助けてきた。なるほど、原子力平和利用関連のキャンペーンは大いに自分のためになったが、ＣＩＡなどアメリカの情報機関のためにもなったはずである。それなのに、援助してくれたのは「原子力平和利用博覧会」のときだけだ。

今回もまた、アメリカの原子力委員長に手紙を書けとか、アメリカにきて直接懇願せよとかいろいろうるさいことを言ってくる。そのくせ訪米のための費用は自分で払えといっている。しかもワシントンまで出かけていき、関係者の前に身を屈し、ひたすら懇願しても、五年以上待たなければ動力炉のことは前向きに検討してくれないというのだ。せっかく次期総理大臣としての地歩を固めつつあるのに（あると思っているのに）、これでは当分、原子力委員長としての業績は何もあげられないことになってしまう。その間に財界の有力者の支持は集まらなくなり、有力政治家たちから侮《あなど》られるようになれば、総理大臣候補どころか、一陣笠代議士に落ちぶれ果ててしまう。キャリアもなく、年もとっているだけに、政治家としてはもう終わりだ。

正力は思い切った決断を下した。つまり、これまでのアメリカ頼みをやめ、イギリスにパートナーを換えることだ。しかも、一足飛びに動力炉の購入契約をイギリスと結ぶことを猛然と主張し始めた。正力のこの豹変に、原子力関係でアメリカとの連絡役となっていた外務官僚の松井佐七郎は困り果てたようだ。七月五日付ＣＩＡ文書はその様子を伝えている。

昼食の席で、いつもは落ち着いていて楽天的な松井が、日本の原子力プログラムの見通しについて鬱々としている。彼に元気がないのは、アメリカが原子力エネルギーにおいて日本との絆《きずな》を失いつつあると恐れているからだ。松井は外務省内部にあっては「原子力の平和利用の分野において日本とアメリカが密な絆を持つべきだ。この絆は即座に恩恵をもたらすし、また長い目で見ても両国の全体的関係に影響をあたえるからだ」という主張の持ち主である。

たしかに、これまでの経緯もあり、そう簡単にアメリカとの絆は切れない。にもかかわらず、正力はもうそんなことを考えてはいられない。とにかく動力炉を手に入れて、公約の通り五年後には商業発電を実現しなくてはならない。アメリカが売らないといっている以上、イギリスだろうがどこだろうが売ってくれる国から輸入するしかない。

これまでのものもそうだったが、特にこの周辺の日付になっているＣＩＡ文書は、日本の原子力導入の歴史における従来の定説を覆す事実を数多く明らかにしている。

従来では、イギリスはアメリカよりも原子力発電に早くから取り組み、また商業発電に実績があったので、正力はこの国から動力炉を購入することを決めたとされていた。だが、ＣＩＡ文書はそのことよりもアメリカ側と決裂したことが正力をイギリス製動力炉の購入に走らせたのだと分析している。

実際に、イギリスが商業発電を開始したのは同年五月二三日のことなので、正力がイギリス製動力炉の購入を決意した段階では、十分な発電の実績もなく、〇・六ペンスという発電コストも机上の空論でしかなかった。その意味で、アメリカ側のイギリス批判は的外れではなかった。

ところで、アメリカと袂《たもと》を分かつ決心をした正力は、彼ならではの嫌がらせを始めた。讀賣新聞を使ってアメリカの外交を批判しはじめたのだ。六月二〇日付讀賣新聞朝刊第一面、「編集手帳」では、前半でアメリカが五月二一日の太平洋での水爆実験で爆弾の着弾点が四マイルも外れたために米兵二人の視覚を奪ったことを皮肉たっぷりに笑いものにしたのち、後半で沖縄の基地問題を次のように批判している。

アメリカ下院プライス委員会の報告によると（沖縄の）アメリカ軍用地（全島の一二パーセントにあたる）を実際的には「百年でも二百年でも」永代借地できるような措置をとるらしい。じょうだんじゃない。イエス、イエスと平和条約にサインはしたけれども、沖縄を永久に差し上げますなどという約束はどこにもない。「国際の平和と安全の維持のため」には日本の防衛はまだまだこの百年ぐらいは心もとないから、日本の主権の潜在する土地にガン張って守って上げますよ、という御親切にはホトホト恐縮のほかないが、それだけの親切があったならば、すぐに燃えて落っこちるような飛行機を自衛隊に与えるようなことはやらないでほしいものだ。的はずれとヤブにらみの「親切」。この「親切」がアメリカさんに対する世界の人気を失わしめているのだ。

確かに、最後の説教とも駄目押しともいうべき言葉は激越だ。この記事に激怒したCIAは、六月二六日付の「(六月)二〇日の反アメリカ論説について」と題する文書で次のように述べている。

現在のポダムとの友好関係にもかかわらず、彼は抜け目のない政治家なので、この(讀賣新聞の)論説に我々が何らかのリアクションを示すことを期待している。そして、実際、我々が(反アメリカ論説のことで)怒りをストレートに表せば、その分だけ彼は我々を尊重するだろう。君たち(東京局のCIA局員)が相手(正力のこと)にどのような接し方をしようと、ポダムに次のことをはっきり理解させるべきだ。つまり、我々は、ポダムが欲しがるようなものを我々が持っているかどうかによって、まるでカメレオンのように変わる相互的利益などには興味がないのだということ。そして、このようなお説教（論説のこと）を二度としたら、もうこれ以上ＣＩＡからの友情は期待できないということもだ。

ＣＩＡは一つの記事だけで怒っていたわけではない。このほかにも当時の讀賣新聞は次のようなアメリカ外交に批判的な記事が紙面を飾っていた。

六月一〇日　反省する米外交　もう通じない〝力〟ケナン氏ら叫ぶ

六月一三日　アイク・ダレスの矛盾　〝中立主義論〟に批判

六月二〇日　また対立表面化か　沖縄　米国防、国務両省の見解

六月二一日　米は対ソ友好政策をとれ　ピノー外相語る

恐ろしいことに、ＣＩＡは六月二〇日の「編集手帳」の「犯人探し」をしている。そして、「外交問題について記事を書いた論説委員の身元捜し」と題する七月九日付文書では彼の身元を突きとめたとしている。

1．アメリカの外交政策について批判的な記事を書いたのはI（原文では実名）だ。
2．Iは外務省から背景についての資料を得ている。
3．ポダムの態度が曖昧で、Iの意見を変えさせるための具体的助言ができない。

このあと、「I」にどんなCIAの働きかけがあったのかについては記録がない。

訪英視察団で衝動買いを止めろ

正力のこの動きに最初は怒りに我を失ったCIAも、やがて落ち着きを取り戻して状況の分析を始めた。CIAは七月五日付文書で正力の立場を次のように分析している。

正力はクリストファー・ヒントン卿に、「原子力はすぐに、そして経済的に競争力を持ち得るベースで開発できるだろう」と吹き込まれた。さらにヒントンのイギリス製動力炉についてのセールストークは、原子力開発を急いで進めたいという正力の個人的願望にも強くアピールした。正力は行動の人で、この問題に関してより慎重で、科学的なアプローチをとるために努力を払うという辛抱ができない。だから、より慎重なアプローチを取るべきだとする（アメリカの）フォックス博士が正力に与える印象は悪く、アメリカは日本が早期に原子力開発に取り組むことを望んでいないと正力に思わせる結果になっている。

つまり、正力は行動の人で、この問題を科学的に考えて、慎重にことを進めるという辛抱ができない。また、正力は不信感を持っていて、アメリカは日本が早期に原子力開発に取り組むのを歓迎していないと思っているという。事実その通りだった。だから、正力のアメリカに対する不信感はアメリカ側にも責任があった。これに総理大臣の椅子を前にして焦っているということが加わる。ヒントンはそこをうまくついてイギリス製動力炉を売り込んだのだ。

それにイギリスはアメリカのような厳しい条件を付けなかった。これはほとんど決定的な違いだった。ＣＩＡ文書はいよいよ正力がイギリスから動力炉を買い付ける契約を進めているとして七月七日付で次のように報告している。

フォックス博士が帰ったあと、正力は高額にもかかわらず即座にイギリス製の一〇万kWの原子炉を買い付ける契約を進めている。しかし最近の数週間、正力は態度を変え、より慎重な態度をとっている。日本の原子力委員会のスタッフが、ヒントンの言っていることの欠陥と日本とイギリスの原子力問題の違いを指摘している。彼らは特に電力コストの違いを指摘した。ついでイギリス製原子炉が生み出すプルトニウムの問題を指摘した。

正力はアメリカへの腹いせにイギリスからの動力炉購入を進めようとしているのだが、日本の原子力委員会関係者は慎重で、専門的立場から、彼に早まったことをしないよう諫言《かんげん》していたことがわかる。さすがの正力もことは原子力発電だけでなく、日米関係そのものにもかかわってくることに気が付いたようだ。CIA文書はつぎのように続く。

正力は自分の核エネルギー政策が日米関係に与える影響も考え始めている。実際、彼は自分の立場を説明するために密かに外務大臣を訪問しようとした。しかし重光が不在だったので、国際協力課長の澤田（廉造）に説明して、イギリス製原子炉を購入することの健全さを説いた。

だが、実際は日米関係に与える影響について外務省の意向を探っている。（中略）考え直した結果、正力は一万ｋＷの実験炉（ＣＰ－５型）を（イギリスから）購入することを支持し、（実験炉、動力炉を問わず）どのような契約であれ、それにサインする前に視察団をイギリスに派遣することにした。

澤田に限らず外務省の関係者はアメリカとの絆を重視しているから、彼らは正力に再考を促したのだ。しかし、この文書にもあるように、正力は考え直した結果、やはりイギリスから購入する考えを改めなかった。

そこで、澤田ら外務省の幹部は、とにかく購入契約を急ぐ正力を押しとどめるために、契約の前にまずイギリスの原子炉、しかも動力炉ではなく実験炉を専門家に視察させることを主張した。澤田らとしては、とりあえず視察団を結成し、それを訪英させて時間をかせげば、そのあいだに正力も少しは頭を冷やして衝動買いを思いとどまるだろうと考えたのだ。外交官らしい知恵だ。こうして派遣することになった視察団について、同じ文書は次のように述べている。

石川一郎を団長とする視察団はイギリスの原子力発電プログラムのあらゆる面を調査し、イギリスの実験炉を購入することの妥当性に関する勧告をする予定だ。しかし、七月から九月までイギリスに滞在するこの視察団は（実際には一〇月一五日出発）、イギリス政府と交渉したり、イギリスの民間企業と契約したりする権限は与えられていない。外務省がすべての交渉をする権限を保持している。したがって原子炉に関する決定は視察団が帰国して、報告書が関連各省庁で検討されるまではなされない。外務省は視察団を派遣する公式許可を正力に送付したが、イギリス政府はまだ回答していない。

つまりイギリスに視察団は送るが、交渉や契約の権限は一切与えず、それは外務省が保持するというのだ。視察団のなかには正力の息のかかった者も入るだろうから、あらかじめ正力のフライングを封じておこうというのが、外務省側の狙いだ。ますます、この視察団の目的が、はやる正力をなんとか押しとどめ、時間を稼いでいるうちに思い直させることにあったことがはっきりしてくる。

このような訪英視察団派遣の経緯は、このCIA文書で初めて明らかになったことだ。従来は、正力が訪英視察団派遣を決定したとされてきたから大変な違いだ。

ソ連から動力炉を入手していいのか

こうしてとりあえず正力を引き止めておきながらも、CIAはアメリカとイギリスの原子力プログラムの違いを分析している。事実、七月五日の文書には「US vs. UK原子力プログラム」という項目がある。そこでは日本において、アメリカの原子力平和利用分野での威信がイギリスとソ連に脅かされつつあることについて触れ、その理由を次のように述べている。

(1) 日本人は原子力平和利用に熱狂しているので、自前で核エネルギー・プログラムを立ち上げる前に、外国が原子炉の分野で技術的進歩を遂げてしまうのを待つつもりはない。日本人は自分たちが学ぶべきことを沢山持っていることは認める一方で、全面的な核エネルギー・プログラムの開発を急ごうとするあまり、過ちを進んで犯そうとしている。だから日本人はアメリカの勧めるアプローチに同意しない。

アメリカのアプローチとは、慎重に進めよ、そして大がかりな投資をする前に、とくに原子炉の分野において実験を続けよというものだ。アメリカの立場の論理については同意する人もいるのだが、日本人は原子力にすっかり熱心になり、核エネルギーが未来の繁栄の鍵を握っていると信じている。だから、アメリカの実験が実を結ぶまで三、四年も自分たちのプログラムを延期する気はない。

（2）日本人はアメリカが核エネルギーを軍事利用することに集中しすぎていると思っている。彼らはその例として、アメリカは潜水艦のための原子炉の開発は早かったが、商業用船舶のための原子炉の開発は遅れたことを挙げている。

（3）日本人は、アメリカにはイギリスやソ連よりも原子力エネルギーを実用化する必要性がないと思っている。（中略）

（4）アメリカは機密保持の制限にきわめて厳格だと日本人に思われている。（中略）

（5）最後に、イギリスにはある進行中のプロジェクトがあるが、これはアメリカのものよりも早く商業ベースで発電ができる。この事実が日本人におおいにアピールしている。

前年の一九五五年一月一五日付讀賣新聞は、設立が予定されている国際原子力機関にソ連とイギリスが原子力発電に関する情報の提供を申し出ていることを報じている。このあとの八月八日に開催された原子力平和利用国際会議（ジュネーヴ会議）では、アメリカの原子力エネルギーの分野での優位はすでに揺らいでいることが証明された。

とくにイギリスとソ連は原子力発電では自分たちがアメリカをリードしていることをアピールしている。これら両国はアメリカのように豊富な石油資源を持たなかったために、原子力発電に関してはアメリカとは違う熱心さを示していた。実際、ソ連は一九五四年六月二七日に世界に先駆けてオブニンスクで原子力発電を開始していたし、イギリスも一九五六年五月二三日にコルダーホールの第一号原子炉が商業発電に入っていた。

こと発電に関する限り、アメリカは最先端をいっているわけでもなく、あまり熱心でもない。そんなアメリカに「急がず、慎重に原子力発電の開発を行うように」と言われても、正力が素直に耳を傾ける気にならないのも道理だ。

とはいえ、正力など日本の関係者はまだ最終判断を下したわけではないのだから、アメリカは日本人に大いにアピールする商業発電を重視したプログラムを提示すればいいだけだ。それに、松井もいっているように、日本側関係者はアメリカと原子力平和利用の分野で強い絆を保っていく必要があると感じていることも事実だ。

正力がイギリス贔屓《びいき》になったにもかかわらず、他の関係者は未《いま》だにアメリカが提示したプログラムに心を惹かれていた。事実、原子力産業フォーラムから視察団に入る二人は（あとの三人は政府側）訪英のあと九月にアメリカに行く予定だった。この二人は産業界と電力業界の代表だが、正力よりもアメリカとの協力関係を重視する傾向を持っていた。だから、澤田（あるいは松井）は一計を案じて、訪英視察団がアメリカ経由で日本に帰国するよう手配したのだ。こうすればアメリカの原子力の発展と比較することができ、イギリス熱も多少は冷めると思われるからだ。

一方、アメリカ側も一枚岩ではなかった。政府側は相変わらず日本に動力炉を輸出することには慎重だったが、民間企業側は売らんかなの姿勢をとっていた。

それに、政府側が日本に動力炉を輸出したくないといっても日本がアメリカだけを頼っているうちは通るが、他の国が日本にアプローチをかけてくれば、そうも言っていられない。占領も終わり日本が独立国になっている以上、アメリカ以外から動力炉を買うなとはいえない。どこから買うかは日本の自由だ。

そして、イギリスやソ連が動力炉を売ろうといってくれば、アメリカは日本にそれを断れとはいえない。それならなぜアメリカが日本に売らないのかということになってしまうからだ。アメリカはジレンマに陥っていた。七月六日付ＣＩＡ文書はそれを示している。

（前略）日本の原子力プログラムに関するアメリカの公式の立場はなにか。我々（アメリカ）は彼ら（正力ら）がプログラムを進めることに強い利害を持っているか。彼らがアメリカ製の原子炉を買うかイギリス製のものを買うかは問題とならないのか。日本と動力協定を締結することがアメリカの（動力炉の）プロトタイプの引渡しの必要条件だとすれば、秘密遵守条項の撤回に関してアメリカはどんな立場をとるのか。このような同意は法律の問題なので、ＣＩＡとしてはすることはないと思う。

ポダムにアメリカは彼がどの原子炉を選ぼうが気にかけないのだと言い渡そうと思うが本部はどのように考えるか。

ソ連がもっと具体的オファーをして割り込んでくる危険性を本部はどのように思うか。そのようなことが起こったら、我々の対応はどのようなものになるか。ポダムと○○との関係と、今が基本的理解に達するのに適当な時期だということに鑑みて、本部は極東支部にできるだけ早く指導をしていただきたい。

ここではアメリカ側の慎重な態度と厳しい条件のために、正力など日本の関係者がアメリカ離れを起こしていることに対する現場のCIA局員の焦りが表明されている。報告書でありながら妙に疑問形の文章が多いのは、その実、現地にいるCIA局員のワシントンにいるお偉方たちの頑迷さに対する批判の表現なのだということがわかる。現場の局員の焦りに対して、アメリカ側は、ヒントンが売ろうとしているイギリス製の動力炉は、アメリカのものに比べて決して優れているとはいえないものだと考えていたので落ち着いていた。仮に正力がイギリス製のものを購入すると決定したところで、それは日本が外国から購入しようとしている原子炉の一つにすぎないからだ。同じ文書の「日本の原子力エネルギー・プログラムの現状」に関する部分はそのことを示している。

日本は一九五六年の終わりには最初の研究炉、アメリカ製の沸騰水型を所有し、二番目のアメリカの原子炉CP－5型を発注するだろう。アメリカの何社製のCP－5型が発注されるのかはまだわかっていない。

関西電力は一万ｋＷの原子炉をアメリカから購入したがっている。ライセンスを与えるかどうかは政府の判断だが、前向きな決定がなされるだろうと考えられている。

イギリス製の原子炉の購入は、科学的な観点で見た場合に、正統的な（ここでは要するに「アメリカの」ということ）発電システムよりも低価格で発電できる競争力があるのかどうかということが問題となっていて保留になっている。ヒントン卿の意見ではかなり安価で、四、五年で原子炉を引き渡せるといっている。五人の代表（三人は政府側で二人が民間）がイギリスに派遣される。

引用にあるように、正力ですら、動力炉ではない研究炉は原子力利用準備調査会の決定通りアメリカから購入することにしていた。電力会社にしても「関西電力は一万ｋＷの原子炉をアメリカから購入したがっている」と言っているようにアメリカ製原子炉に対する信頼には根強いものがあった。左記のように、研究炉はみなアメリカから輸入することになっていた。

・輸入一号炉（ＪＲＲ－１）……ウォーターボイラー型　ノースアメリカン社（アメリ

グループ名	企業名	提携先	建設施設
三菱グループ	三菱原子力工業	ウェスティングハウス社	JRR－2（下請） JRR－3（共同）
住友グループ	宝塚放射能研究所 東海研究所 熊取研究所	ユナイテッド・ニュークリアー社	各種臨界実験装置
第一原子力産業グループ	第一原子力産業グループ	ＧＥイギリス	原電東海発電所（下請）
その他	東京芝浦電気	ＧＥ	
その他	日立製作所	ＧＥ	

（以上は一九六〇年までに結んだ提携関係。『原子力開発十年史』から作成）

表2　原子力関係企業と提携先・建設施設

カの航空機メーカー）一九五六年購入予定
・輸入二号炉（ＪＲＲ－２）……ＣＰ－５型、アメリカン・マシン・アンド・ファウンドリ社（アメリカのメーカー）、一九五七年購入予定
・輸入三号炉（ＪＲＲ－３）……関西の原子力発電研究用、アメリカから購入を希望

原子炉に限らず、このあとに続く技術提携や施設建設などを入れるとアメリカの影響はより圧倒的だったことがわかる（表２）。

しかし、ＣＩＡの楽観主義もこのあと揺らぎ始める。いよいよソ連が出てきたからだ。九月一二日付の文書では、ソ連が原子力プログラムを日本に提示する可能性が高いと報告していた。実際、ソ連はす

でに、エジプト、インド、インドネシア、イランには提示済みだった。未確認情報では極東諸国や中近東諸国にも申し出ていた。

アメリカは、この分野で自国と日本とのあいだに割って入るのがイギリスならばよしとしなければならなくなっていた。うかうかしていると死に物狂いになっている正力はソ連とさえ手を組みかねない。だから、あらゆる手立てを講じて彼が暴走しないようにしなければならなかった。

九月二七日、アメリカを訪れていた有田喜一を団長とする原子力政策調査議員団は、アメリカ原子力委員会のストローズ委員長から動力協定を大幅緩和する言質《げんち》を得た。つまり、今後は五つの型（加圧水型、沸騰水型、ナトリウム・グラファイト型、水溶液均質型、高速中性子型）の非軍事目的の動力炉は秘密条項をつけずに日本に渡すことになった。

正力のかけたプレッシャーに加え、ソ連の平和攻勢がアメリカを動かしたのだ。

大野派買収計画

正力は、商業発電の早期実現を目指すのと並行して自民党幹事長の座を手に入れるための政界工作もせっせと行っていた。一九五六年五月一四日付CIA文書は、正力が讀賣新聞の政治部にこう命じたことを伝えている。

讀賣政治部のK・O（原文では実名）によれば、正力は「河野批判と受け取られるようなスタンスは取るな」と命令した。毎日と朝日が極端に批判的記事を書いているのに讀賣は状況について数行書いているだけだ。（中略）河野のモスクワ交渉の情報がわからず残念だ。交渉が成功した際の河野の地位については結論がでていない。

正力の讀賣新聞に対する力は絶大だ。それは六月一九日のCIA文書からもわかる。この文書は「讀賣の編集者は正力に大いに気を使っている。正力は毎日讀賣新聞を読み、自分と違う意見の記事を見つけると、その記者を洗脳しにかかる」と伝えている。九月一八日付CIA文書はこのように伝えている。

正力は編集デスクに鳩山総理がモスクワにいって日ソ交渉を妥結させるという提案を支持し、ソ連との交渉担当者としての重光葵外相の失敗を批判するように指示した。

正力の狙いは河野一郎の支援だ。そして、これと引き換えに自民党の幹事長と閣僚の座も得ようと望んでいる。

（現場のコメント）

河野を助けるのは自分のためでもあるが、過去に河野から受けた恩義のためでもある。正力は河野もまた幹事長の椅子を求めていることは知っている。だが、自分のためにこれを譲ってくれると思っている。自民党内の河野への反対は強いので、彼は幹事長になれそうもない。彼の幹事長職の当て馬は砂田重政だ。

緒方の死によって、鳩山のあとの総理大臣には岸信介（当時幹事長）がなることが確実視されていた。問題はその岸のあとの幹事長に誰がなるのかということだった。このポストにつく者は、岸の次の総理大臣になる可能性が高い。

当然、河野はその有力候補者で、本人もこのポストを狙っていた。一方の重光はかつて民主党に合流した改進党の党首だったので、河野にとってもポスト岸をめぐるライバルになる。だから、正力は重光の外交上の失敗を非難するよう讀賣新聞幹部に指示したのだ。

しかし、讀賣新聞を使わずとも、重光の外交交渉はあらゆる方面から非難を浴びていた。行く前は自信満々で大きなことをいっておきながら、ソ連首脳の強硬な態度にたちまち軟化し、歯舞《はぼまい》と色丹《しこたん》の二島のみの返還で妥協を図ろうとしたからだ。

九月二〇日付けの「外交関係を専門とするジャーナリストからの情報」というCIA文書では、正力が幹事長ポストを手に入れるために大野伴睦工作にも手を広げていることを伝えている。

1. 最近正力松太郎は、総理大臣の座を確保してくれるのなら四億円渡そうと大野伴睦に申し出た。大野は面白がって、金を先にくれるなら考えてみようと答えた。
2. 正力を原子力委員会委員長として国務大臣に指名したのは、正力が讀賣を使って鳩山政権を支援するという理解に基づいている。
3. 正力の最終的な目標は首相だが、当面は河野を通じて幹事長になろうとしている。正力はいまや河野よりも金を持っていると一般にいわれている。

正力は幹事長ポストについては、自分より若い河野が譲ってくれると思っていたようだ。確かに河野はもともと敵が多いタイプだということに加え、鳩山のもとで辣腕《らつわん》を振るって嫉妬を買っていたということもあり、なかなかすぐに幹事長というのは難しそうだった。それは本人も知っていたので、正力は先の長い河野が老い先短い自分に譲ってくれると独り決めしたのだろう。

それにしても、かつて警視庁官房主事時代に機密費から大野に小遣いを渡していた正力が、このように大金を積んで大野に総裁選挙の支持を必死に頼み込むのだから、人の世はわからない。

仮に大野に実際に四億円を渡していたならどうなっていただろうか。一説には、この選挙で岸派は一億円、石橋派は六〇〇〇万円、石井派は四〇〇〇万円を費やしたといわれる。全部あわせても二億円なのだから、四億円もあれば、全派閥を買収できたかも知れない。

もっとも、これは金額だけの話だ。金をばら撒くにもコネは必要だろうし、コネがなければ金をばら撒いても効き目がない。正力が大野に声をかけたのも、鳩山を通じてつながっていたからだ。ほかに吉田派の池田とも結びつきは持っていたが、石橋派、石井派には正力は手の出しようがなかった。

八月六日付CIA文書によれば、この頃原子力関連ビジネスで大もうけを目論む二流・三流の企業が正力に大口の政治献金をしていたという。だが、それでも正力が四億円もの大金を調達することはできなかっただろう。

大野の反応もそれを読んでのものだろう。正力も軽く冗談めかしていなす大野の反応を見て脈がないと思ったかもしれない。

正力にとって痛かったのは三木が七月四日に死去していたことだ。三木が生きていれば、あるいは大野派を何とかできたかもしれない。大野派以外にもいろいろと金を使って何かできただろう。資金も四億も要らなかったかもしれない。

しかし、いかんせん、三木が存命で、そのコネがなくては、正力にはどうにもならなかった。その三木も、生前には鳩山のあとは緒方、緒方の次は岸と考えていたのだ。

閣外に去る

一一月一日に日ソ国交回復交渉を終え、日ソ共同宣言を携えて帰ってきた鳩山総理は、翌日これを花道に引退すると宣言した。有力後継候補は岸、石橋、石井だった。鳩山の意中の後継者は岸だったが、石橋との長年の付き合いから岸を指名するに忍びなかった。

指名がなかったために総裁選挙は三すくみの大激戦になった。

正力はといえば、まったく問題にされなかった。鳩山は引退、三木は死去という状況では、これといった政治的功績もなく、派閥も持たないのだから当然だ。さすがの正力も総理大臣の夢を追うより、この政治的現実の中をどのように泳ぎまわるかに心を砕かなければならなくなっていた。

河野は、予定通り自らは立たず、岸の支持に回って主流派となり、次にお鉢が回ってくるのを待つ戦略に出た。

正力は三木や鳩山との関係から河野派に収まり、岸を支持しなければならなくなった。これに対し、正力がアプローチした大野派と正力を取り込もうとした大麻派が石橋を支持し、旧吉田派と緒方派が石井を立てて対決した。

その多数派工作はすさまじく、正力はここをうまく泳ぎ切らないと総理大臣どころか大臣の椅子も危ういと思った。そう実感したからこそ、自分が大臣のうちにと考えてイギリス製動力炉を輸入することを決意したのだろう。一一月一九日に訪英視察団の中間報告を受けて正力は早々とコルダーホール型発電用原子炉の輸入決定を表明した。

コルダーホール型が本当に日本に適した動力炉なのか、他の国のものと比べて優れたものなのか、時間をかけて調査し、それを審議している余裕は正力にはなかったのだ。正力にとって重要なのは、自分が委員長のあいだに重要な決定を下すということだった。

一二月一四日、総裁選が行われた。その結果は、正力にとっては不本意なものだっただろう。河野派が支持した岸は第一回投票でこそ二二二票で、二位の石橋（一五一票）、三位の石井（一三七票）を上回ったが、決選投票では二位・三位連合の石橋に二五八票対二五一票と七票差で敗れてしまった。岸自身は外務大臣として入閣したが、正力を含めた河野派は非主流派に転落してしまったのだ。当然、正力も閣外に去ることになった。

第七章　政界の孤児、テレビに帰る

石橋政権は短命に

総裁選挙が終わり、一九五六年一二月二三日に石橋湛山政権が誕生すると、正力の前には厳しい現実があった。彼はもう総理大臣候補ではなく、大臣ですらなかった。科学技術庁長官・原子力委員長の椅子には、暫定的に総理大臣の石橋がついたあと、三木（武夫）派の宇田耕一が収まった。今や正力は河野派の一陣笠議員に過ぎなかった。

こうなっては正力の望みは再び科学技術庁長官・原子力委員長に返り咲くことだけだった。そのためには、讀賣グループを操って、一日も早く政権交代を起させ、非主流派に追いやられた河野派が再び主流派になる状況を作り出さなければならない。

それと並行して、時節到来の折は大臣に取り立ててもらえるよう河野のために忠勤を励まなくてはならない。これは正力の言論界における地位からしても、彼の性格からしても難しいことだ。

河野が緒方と石井の面接のもとに朝日新聞にもぐりこんだのは一九二三年のことだ。正力が讀賣新聞の社長となったのはその翌年だった。それから三三年を経てすっかり立場が変わってしまっていた。こうなると、老体に鞭《むち》打ってやってきた原子力発電導入もなんのためだったのか正力にはわからなくなってくる。本来それは総理大臣になり、マイクロ波通信網を手に入れるためだった。

ところが、総理大臣を目指すために動力炉確保工作をする過程で、正力の強烈な個性が災いとなって、CIAのマイクロ波通信網建設支援工作は取り消しになっていた。おそらく正力はこの決定を知らされなかっただろう。だが、途中から向こうが言わなくなったので薄々は気づいていたはずだ。

こうなれば強大な権力を手に入れ、アメリカの援助なしに自力で公衆電気通信法を改定し、マイクロ波通信網を建設しなければならないのだが、その可能性もついえ去っていた。こんな状況で正力が原子力発電にまだこだわるとしたら、財界や政界に対する面《めん》子《つ》しかないだろう。

正力にとっては幸運なことに、一九五六年一二月に発足した石橋政権はわずか二ヶ月の短命に終った。石橋は母校早稲田大学の首相就任祝賀会に出席したところ寒風に晒《さら》されたため肺炎を起こしてしまう。これによって持病の三叉神経麻痺が悪化し、言語障害に陥った。医者の診断によると、回復には二、三ヶ月を要するということだった。石橋は政治の停滞を招くより潔く身を引くことを選んだ。

こうして石橋政権は幕を閉じ、一九五七年二月二五日に岸第一期政権が発足した。ここまでは正力にとって運がよかったといえる。ところが岸は石橋政権の大臣をそのまま留任させることにした。

一方、正力は岸政権が成立しても自分に入閣の可能性がないことをあらかじめ知っていたとみえて、その前の二月六日に日本テレビ会長に就任している。本業のテレビ放送にその有り余る精力を注ごうと決心したのだろう。日本テレビはこのおよそ二ヶ月後の四月一八日に郵政省にカラーテレビ放送を申請している。白黒テレビの方式の際に対立したNHKは、このときもカラー放送は早すぎると反対した。正力は現行のアメリカ方式（NTSC方式六メガ）を見直せと迫る勢力に対して、次のようにいっている。

わが国としてもすでに相当数の白黒式受像機が普及している今日において、現存する白黒式受像機を無視してまったく独立な標準方式を決定することはあり得ないことであるから、すでに白黒式テレビジョンにおいてアメリカと同一の標準方式を採用した以上、カラーテレビジョンにおいてもＮＴＳＣ方式をそのまま採用することが自然でかつ合理的であり、いまさら特別の研究も必要としないと考える。(『大衆とともに25年』)

白黒テレビのときと別の方式が採用されるということは、ＮＨＫなどに白黒テレビの方式決定のときの仇《かたき》をとられるということになる。なによりも、カラーテレビ放送も同じ方式でいくほうが、まったく別な方式が採用されるより日本テレビにとっては設備投資が少なくて済む。これは大きなメリットだ。民間放送である日本テレビは税金同様の受信料を国民のほとんどから徴収しているＮＨＫとは懐具合が大いに違うのだ。

ここは日本テレビ会長としての正力の頑張りどころだった。この奮闘もあって、結局このあとカラーテレビの方式は白黒のときと同じＮＴＳＣ方式に落ち着くことになる。

正力が日本テレビのために奮闘していた頃、ＣＩＡは一九五七年四月五日付の「極東支部とポジャクポット(正力が閣僚になって以降ついた新たな暗号名)の関係の経過報告書」という文書でこのように正力のことについて話し合っていた。

私人に戻ったことで彼の魅力が減少したことは認めるが、彼との接触は定期的にレポートする必要があると思う。次のようなテーマについての議論に関する報告書をいれてくれればありがたい。

a．ポジャクポットがかつて閣僚だった政府とどのくらいアクセスでき、また影響力をふるえるか。
b．情報を提供する新聞記者を紹介してもらうのにポジャクポットが使えるかどうか。
c．情報収集に讀賣のモスクワ代表T・H（原文では実名）を使う可能性について。
d．一九五六年四月以後ポジャクポットと接触してきた記録。

このCIA局員が初めて接触したのは一九五六年四月頃で、当時正力は初代原子力委員長として重要な決定に関わっていた。この文書は正力が私人に戻ったといっているが、実際には正力はもはや原子力委員長ではないものの、衆議院議員としての議席は持っていた。

いずれにせよ、正力はまだ内閣に何がしかの影響力をもっており、また、彼のメディア帝国で働く記者たちに対しては絶対的支配力をもっているがゆえに、ＣＩＡは彼と定期的に接触を保ち、報告を続ける必要があると考えていた。

そして正力は、このようなＣＩＡの自分に対する関心、とりわけ讀賣グループの記者をＣＩＡの諜報活動に使いたいという願望を、なんとか関係修復に使えないものかと考えていた。関係修復したうえで、再び彼らの支援を受けたいと思っていた。といってももはや原子力発電の方面では望みがないので、カラーテレビのほうに彼らを引っ張りだそうと考えていた。もちろん、カラーテレビの先には、マイクロ波通信網を見据えていた。

政界の孤児となる

しかしながら、七月一〇日に岸が内閣改造を行うと、正力は再び原子力委員長・科学技術庁長官に返り咲くことができた。ただし、今度は国家公安委員長と兼任だった。というより、岸としては、日米安全保障条約改定をにらんで、元警視庁幹部という正力の経歴を買っていて、国家公安委員長としての入閣を望んだのだ。

やっと戻ってきた正力を迎えたのは、原子力発電所の運営機構をめぐる民間と政府の主導権争いだった。それを『日本の原子力』は次のように説明している。

わが国の電力体制は、戦後、国策会社の日本発送電を解体して、ようやく民間〝電力九社〟という形態をとり、大規模な水力発電の急速な開発のため、政府出資の電源開発会社が別につくられた。ところが、電力供給のミナモトとして、国家資金をかたむけて開発してきた〝水力〟が、これからはそう簡単にいかないという見通しもあって、電発（電源開発株式会社）としても今後は原子力に力を入れる必要があると考えはじめた。そこで、三二（一九五七）年の二月のはじめ、内海《うつみ》（清温《きよはる》）総裁が原子力発電への名のりをあげた。

これに対して、九電力会社は、五月の社長会で、民間出資の「原子力発電振興会社」をつくるという方針をうち出した。七月にはいって、電発が九電力の考えに真向から対立する意見書を出したことから、一時、事態は抜き差しならない様相を帯びてきた。

つまり、正力が決めたようにイギリス製の原子炉を輸入して原子力発電所を東海村に建設する方向で進んでいたのだが、その発電所の運営を民間主体でいくか、国主体でいくかで電源開発株式会社と九電力会社が対立する事態になっていたのだ。

このような議論は正力にとってはナンセンスだった。電力業界や財界の支持を背景に原子力委員長になった正力にしてみれば、民間主体でいくのは自明のことだ。それは彼が原子力委員長に就任する前から決めていたことだし、そのあとも変りようがない。

だが、電源開発株式会社のほうも、将来のことを考えると、原子力発電に参入しておく必要があった。この会社は名前の通り電源開発を目的として国主導でつくられた国策会社だった。水力発電が先細りになるとなれば、存在意義を保つためにも火力発電や原子力発電に出て行かなければならない。

電源開発株式会社のほうは、原子力発電のような将来を左右するような技術は、国の資金を投入して、経済性や安全性を確認しながら少しずつ開発すべきだと主張した。

これに対して九電力側は、次のように言い張った。電力は経済と産業の血液であり、一日でも早く原子力発電を始めて、これを増大させ、経済と産業に活力を与えなければならない。民間の創意と力をフルに活用してここまできたのだから、このままいくべきである。

正力が弱ったのは、河野が口を挟んできたことだ。経済企画庁長官に就任した河野は、行きがかり上なのか、電源開発株式会社側についた。正力は図らずも自分の派閥の長と侃々諤々《かんかんがくがく》の論争をする羽目になってしまった。これが世にいう正力―河野論争に発展していく。当時原子力局長だった佐々木義武は『日本の原子力』でこう振り返っている。

（原子力）発電の問題がだんだん進んでいって、発電の機構をどうするかということで、大変な問題がおきました。当時の経企（経済企画）庁長官をしていた河野さんは、〝まだ採算が明確でないようなものを民間だけに任せたのでは、なかなか開発がむずかしい。このさい思いきって、国と民間とが一緒にやるような特殊会社でやるのが一番よろしい。〟という案を出してどうしてもきかない。ところが原子力委員長の正力さんは、〝原子力発電は日ならずして採算ベースにのる問題だから、非能率な半官営的な開発機構は面白くない。それよりは自由闊達な民間の資本で、自主的にどんどん問題を進めさせた方が日本の将来のためだ。〟といって、両建の討論になり、両方とも大変な実力者ですからどうしても譲らない。

二人の衝突の原因はいろいろ考えられるが、性格と置かれた立場で説明するのがもっとも自然だろう。つまり、河野はあまり深い考えもなしに経済企画庁長官として電源開発株式会社の肩をもち、国主導でじっくり進めるべきだと発言した。だが、正力の方はこれまで原子力平和利用懇談会を立ち上げて原子力委員長になるまでにいろいろな経緯があり、さまざまな苦労を味わってきただけに、この発言に面目を失ったと思った。

そこに二人の立場の微妙さが加わる。正力は鳩山が引退したのでしかたなく河野派に加わっているのであって、大臣にはしてもらったが河野の子分ではないと思っている。河野もまた正力が自分よりはるかに年寄りの「客分」だとしても、自らの派閥にいる以上、ボスは自分だと思っている。

かてて加えて、二人とも我はとてつもなく強い。そこに、正力がメディア界の大物中の大物だということが加わる。これをメディアが騒ぎ立てないはずはない。議論自体にたいした違いはないのに、騒ぎは大きくなり、どちらも引っ込みがつかなくなる。関係者がはらはらして見ているうちに河野の方が折れた。結果として、原子力発電会社は国が約二〇パーセント、民間が約八〇パーセント出資の特殊法人として設立された。河野は二〇パーセントだけ派閥の長の面目を保ったのだ。

　この件では勝ったのかもしれないが、これで正力の失ったものは計り知れなかった。河野に逆らった以上、次の内閣改造で正力が今のポストに留任する可能性はなくなった（どちらにせよ正力の大臣の座は危なかったのだが）。しかも、このまま河野派にいるかぎり、河野派が主流派であり続けたとしても、もう二度と正力は大臣にはなれないだろう。正力の政治家としての未来もこれで終りだった。未来といっても正力はもう七二歳になっていた。

　正力にとっての救いは、日本最初の原子炉ＪＲＲ－１が八月二三日に完成したことだった。だが正力は、メディア・キャンペーンの準備を整えるためだったのか、あるいはなにか縁起をかついだのか、約一ヶ月後の九月一八日まで完成の祝典を引き延ばしている。祝典の当日は東海村周辺の小中学生ら二〇〇〇人が朝早くから駆り出され、旗行列が繰り広げられた。そして、式典のなかで、完成の期日のところだけが刻まれずにいた大理石の碑に、「昭和三十二年九月十八日完工」という文字が関係者によって刻み込まれた。

　つまり、原子炉の完成の日付ではなく、式典の日付を入れたのだ。明らかにこれはテレビカメラの前で式典をドラマチックに演出するためのものだった。当然ながら、日本テレビはこの式典の一部始終を「原子力第一号実験炉（ＪＲＲ－１）完成祝賀会」という番組として全国放送した。おそらく正力が原子力委員長として絶頂に達したのはこの時だったろう。

ジェット戦闘機とディズニー

正力のもとには原発以外の「売り込み」とそれに伴う様々な要請もアメリカから来ていた。話は少し前後するが、「原子力平和利用使節団」のあとも正力とジェネラル・ダイナミックス社との関係は続いていた。それは、一九五五年末にも正力が日本がアメリカから原子炉を購入できるよう政府に働きかけてくれとホプキンスやウェルシュに頼んでいることからもわかる。

『戦後マスコミ回遊記』には、正力が原子力委員長になったあとも、頻繁に柴田が正力とジェネラル・ダイナミックス関係者との間を行き来していた様子が書かれている。これには原子力のことだけではなく、ゴルフのことも含まれていた。ホプキンスが国際ゴルフ協会の会長だったことから、カナダ・カップの日本での開催やそのテレビ中継に関わることも頼んでいたのだ。

しかし、とくに一九五七年の春頃になると、ホプキンスは原子炉のほかに日本に売り込みたいものができていた。戦闘機である。

日本は一九五七年六月に策定した長期防衛計画に基づき、主力となる超音速ジェット戦闘機を一九五八年から五ヶ年計画で三〇〇機、国内でライセンス生産することを決定した。一九五四年の日米相互防衛援助協定でアメリカから約五〇〇機のセイバー戦闘機を供与されていたが、これが古くなっていたからだ。そこで、どの機種を採用するのかが大きな争点になった。

この次期主力戦闘機の候補機種のなかにコンヴェア社製のF－１０２Aが入っていた。コンヴェア社はジェネラル・ダイナミックス社が一九五四年に買収した会社で、セイバー戦闘機をカナダでライセンス生産していたカナディエア社とともにジェネラル・ダイナミックス社の航空機製造部門を形成していた。後にこの部門はアメリカ最初の大陸間弾道ミサイル、アトラスを完成させている。他にロッキード社やノースアメリカン社やグラマン社なども加わって熾烈な売り込み合戦をしていたのだから、ホプキンスも日本で何らかの工作をしていて当然だ。ましてや正力が現職大臣でいるのだから。

興味深いのはこれらの戦闘機メーカーが原子炉製造にも関わっていたということだ。ジェネラル・ダイナミックス社もそうだが、ノースアメリカン社も原子炉を製造しており、日本最初の原子炉JRR－1はこの企業から購入したものだ。グラマン戦闘機のエンジンはGE製だが、GEはウェスティングハウス社と並ぶ原子炉製造の最大手だ。

こういった軍産複合体が、テレビや原子炉ですでに彼らと結びつきをもっていた正力に次期主力戦闘機のことで働きかけたとしても不思議ではない。

これと足並みを揃えたのでもないだろうが、ディズニーもまた正力に売り込みをかけてきた。このとき売り込んだのはジェネラル・ダイナミックス社も製作依頼主になっていた例のプロパガンダ映画『わが友原子力』である。当時のディズニーは『ピーターパン』など長編アニメーション路線を進める一方で実写ドキュメンタリー映画にも力を入れていた。『わが友原子力』が科学映画というジャンルでの傑作のひとつであることは製作者ウォルトからみても疑いようがなかった。

日本テレビの社史『大衆とともに25年』によれば、ウォルトの実兄ロイ・ディズニーが日本テレビ本社を訪ね「『アワー・フレンド・ジ・アトム（わが友原子力）』をぜひNTVで放送し、日本の人々にも原子力の実態を理解して欲しい」といってきたとのことだ。まるで合衆国情報局の代理として申し出ているかのようだ。

このようなケースでアメリカと日本のメディアとの仲介をするのも合衆国情報局の仕事なのだから、ディズニーが売り込んだ時点でアメリカ大使館と合衆国情報局が支援していたのは間違いない。もちろん、これにジェネラル・ダイナミックス社も加わる。

というのも、『大衆とともに25年』も引用しているように、この映画の最後を、ウォルトはまさしく次のようなメッセージで締めくくっているからだ。

「使用目的によっては、原爆—死の灰という恐るべき原子力も、平和利用の開発により、原子力の三つの願いである力と有益な放射能と生産力を人類にもたらす我々のすばらしき友人である」

正力といろいろいきさつはあったにせよ、合衆国情報局としてもこの科学プロパガンダ映画を日本に売り込みたかったのだ。そして、ここでもメディアの巨人正力は彼らがさけて通れない人間だった。

もう一方のCIAのほうも、この頃また正力へのアプローチを強めていた。一九六～七頁で見た四月五日付文書にもあるように、情報提供者として記者を紹介して欲しいと考えていたのだ。この件は六月五日と八月二七日付の文書でも繰り返されていた。今回の要請が以前と違うのは、讀賣新聞の特派員を送る具体的な国名が出てくることだ。

九月四日付文書では特派員をシリアに長期間駐在させ、近隣諸国にいるＣＩＡ局員から指示を与えて取材させることが提案されている。この文書はまた仮にシリア派遣に問題があるなら、インドネシア派遣でもいいといっている。なぜシリアとインドネシアなのかといえば、この両国で大きな動きがあったからだ。シリアはこの頃アラブ連合に加わるかどうか選択を迫られていた。インドネシアはスカルノが容共路線に転じ左傾化する傾向を見せていた。

シリアの動きはアメリカが国連で絶えず拒否権を発動して守ってきたイスラエルの安全保障と直結し、インドネシアの動きはアメリカ石油メジャーの利害に関わっていた。

つまり、両国はＣＩＡが重点的に諜報活動を行っている、あるいは行うべき国だった。もとよりＣＩＡは自らのスタッフを現地に送り込んでいる。これに加えて、讀賣新聞のような同盟国のメディアの特派員を利用すれば、情報網に厚みが加わるだろう。情報収集にこれでいいという限界はないのだから、打つべき手はすべて打っておく必要がある。

偶然なのかどうか、このあとの一一月二八日、さらにアメリカ上院外交委員会までが正力に会いにやってきた。上院外交委員会のバーク・ヒッケンルーパー上院議員と上院外交委員会顧問ヘンリー・ホールシューセンたちだ。彼らは、前に見たように、白黒テレビの導入のとき、マイクロ波通信網計画のことで正力といろいろやりとりがあった人物たちだ。彼らの訪問の名目は、アジア諸国におけるアメリカの海外情報プログラム（VOA放送とか合衆国情報サーヴィスなど）の実態をつぶさに見るための視察旅行というものだった。

この会見の席で正力は彼らに「カラーを南方へ」構想を熱く語った。『大衆とともに25年』によれば、正力はこの構想をおよそ次のように説明している。つまり、日本やアメリカなどが東南アジアの国々にさまざまな経済援助をしているが、現地ではあまり歓迎されていない。だが、カラーの映画さえ見る機会が少ないこれらの国々にカラーでテレビ放送するなら、それは現地の人々に喜ばれる援助になるだろう。

そこで日本テレビが東南アジアの国々のテレビ局と提携してネットワークを作りカラー放送を始めたいというのがこの構想の中心部分だ。要するに、マイクロ波通信網建設に援助ないし協力をして欲しいということだ。

これは、岸が当時東南アジア重視の外交を行っていたことと連動していた。東南アジア開発基金と技術訓練センターを設置して、この地域の国々の開発を援助し、これによってアジアにおける日本のリーダーシップと威信を示すというのが岸の意図だった。岸は、吉田のサンフランシスコ講和条約、鳩山の日ソ国交回復に比肩できる外交上の実績を作りたかったのだ。

もちろん正力の本音は、何とかして郵政省にカラー放送の免許を出させたいということ、そのための口添えをアメリカ側や岸に頼みたいということだ。そして、実現したあとはマイクロ波通信網を手に入れて、それを東南アジアまで延ばしたいということだ。

呆れるのは、この時期の正力は原子力委員長・科学技術庁長官・国家公安委員長と三つものポストを兼任していたことだ。さぞ忙しかろうと思うのだが、それらはしばらく放っておいて、カラーテレビ放送免許とマイクロ波通信網を手に入れることに精力を注いでいたことになる。

一二月に入ると、正力はCIAとの協力の話を具体化させた。それは、CIA本部が、外国（つまり日本）のメディアの特派員にCIAのための情報収集をさせることが同機関の機密保持規定に触れるかどうか、調査実施規定に反するかどうか議論していることからもわかる。そして、一二月一七日付の文書で正力はその見返りにCIAに街頭テレビ用の大型のカラーテレビ一〇台をねだり始める。

正確にいうと、カラーテレビを購入するためのドルの割り当てが得られず、また輸出に関わる面倒な手続きもあるので、CIAにテレビを調達してもらい、あわせて通関のための諸手続きにも便宜をはかってもらいたいという要請だった。それなりに律儀な正力は、カラーテレビが日本に届き次第、円で代金を支払うと約束していた。

正力がCIAにカラーテレビをねだったときの口上がふるっている。同じ一二月一七日付CIA文書では、正力がこのように要請してきたと伝えている。

1. ポジャクポットが二つ提案をしてきた。第一の提案は自由民主党のプロパガンダを流す街頭テレビとして始めるためと、他のアジア諸国にとっての発展のモデルとして示すために、(日本テレビが) カラーテレビ放送をすることについての支持を自民党から得た (から支援してほしい) というものだ。送信機その他の放送機器はほとんど手に入れたが受像機を買うドルの割り当てが受けられなかったといっている。二番目の提案は警察無線と自衛隊の通信回線としてのマイクロ波通信網に同意してほしいということだ。

2. 彼は街頭用に一〇台の大型スクリーンのカラーテレビを入手するのを手伝って欲

しいと要求している。代金全額を円で後払いするといっている。

ここで正力はカラーテレビ受像機をねだる口実として自民党のプロパガンダ放送、他のアジア諸国に発展のモデルを示すことを挙げている。いかにも自民党の大臣らしい物言いだ。同時に、例によってマイクロ波通信網もねだっている。こちらの方の口実は警察無線と自衛隊の通信回線として使うのだという。このときの正力は国家公安委員長を兼ねていたから、この口実を使う資格はあっただろう。

もちろんこれらは表向きの口実で、本音は日本テレビが取り組んでいるカラーテレビ放送の免許取得にこれらを利用したいということだ。

一九五七年上半期の日本では「なべ底不況」が顕在化していた。各企業が神武景気の波にのって設備拡大に走ったため、資材・原料の輸入超過を引き起こした。この結果、ドルが海外に流れて外国為替勘定が赤字になり、それが不況を引き起こしたのだ。つまり、円があってもドルを手に入れることが極度に難しかった。

正力としてはこういうつもりだったのだろう。ＣＩＡからカラーテレビ受像機をせびりとろうというのではない。ただ、入手のための便宜をはかってもらいたいというだけだ。代金はあとでちゃんと円で払う。だから我々の間の収支は貸しにも借りにもなっていない。正力がCIAにカラーテレビ受像機の手配を要請したのが、遅くとも一二月一七日（これがアメリカ東部標準時だとしても日本時間では一八日）だということは大きな意味を持っている。ときの郵政大臣田中角栄がカラーテレビ懇談会を開催するのがこの直後の一九日だからだ。この懇談会で田中は日本テレビにカラーテレビの実験放送を許可する方針であるということを表明している。

しかし、その前に正力がCIAにカラーテレビ受像機の手配を要請しているということは、懇談会を待たずして日本テレビに実験放送を許可するということが決まっていて、それが日本テレビに伝えられていたと解釈できる。

事実、このあとは一瀉千里《いっしゃせんり》で進んでいる。懇談会の翌日の二〇日、郵政省はとりあえず実験局として「現在の電波をそのまま使ってカラー放送を開始してよい」と日本テレビに通達した。そして、二六日にはVHFの電波による日本最初のカラーテレビ放送局の予備免許を交付している。翌二七日には関東平野に向けて合衆国情報サーヴィス製作のカラー映画『現代のカウボーイ』などを一時間にわたって放送した。

『戦後マスコミ回遊記』で柴田秀利は、この前後に「営業担当の某重役」がこのカラーテレビ放送免許にからんで田中に一〇〇〇万円を渡したといっている。この急展開を見ると、そのようなことがあってもおかしくないと感じる。つまり、正力はCIAと田中に根回しをしておいて一気にことを運んだと見られる。

とどめを刺したイギリスの免責条項

カラーテレビでの目覚しい成功とは裏腹に、原子力発電のほうでは正力に大打撃を与える事件がおきていた。正力はコルダーホール型動力炉の稼働をにらんで九月から日英動力協定のための交渉に入っていたのだが、一二月二七日になってイギリス側が突然「免責条項」を協定に入れるよう申し入れてきたのだ。

これはイギリスが製造し、イギリスの原子燃料を使う原子炉で事故が起こっても、イギリス政府は一切責任をとらないというものだ。しかも、この「免責条項」には「原子力発電はまだ危険がともなう段階にあることを再認識して欲しい」という一文まで入っていた。かみくだいていえば、イギリスは事故を起こす可能性を持つ動力炉を日本に売るが、事故が起こっても一切責任はとらないのでご承知おき願いたいというのだ。

これは大変な騒ぎを引き起こした。というのも、同年一〇月にイギリスのウィンズケールにある原子炉が事故を起こしていたからだ。炉内の黒鉛の温度が上がったため燃料被覆の一部が溶け、放射性物質が空中へ飛散するという深刻なものだった。

実はこの少し前に、アメリカ原子力委員会のブルックヘヴン研究所が「WASH七四〇」という報告書を出していた。これは原子炉事故が起こった場合の被害額を事故の規模や気象条件に応じて理論的に算定するというものだ。問題の事故は、まさしく報告書が予告していたものだった。

予告の段階ならばともかく、事故のあとでイギリスが「免責条項」を言い出すのは身勝手に思われる。それをいうなら、事故が起こる前というより、動力炉購入を決定する前にいうのがフェアというものだろうと正力が怒ったのも無理はない。正力は憤怒の鬼となって、このような一方的な免責条項は拒否すると言明した。だが、日本の原子力委員会がいろいろ調べてみると、実は原子力関連の国際取引ではこのような免責条項が慣例になりつつあった。イギリス側としても、事故の被害を賠償するわけにはいかず、この点で譲歩することは不可能だった。

正力は窮地に陥った。彼がいくつもの点で過ちを犯したことがはっきりしたからだ。

一つ目は、先を急ぐあまりヒントンのささやく甘い言葉にたぶらかされて、問題のある（耐震性の問題は早くから指摘されていた）イギリス製動力炉に飛びついたことだ。

二つ目は、これと付随して、世界各国で原子力発電に関しどのような問題が起こっているのか、それに対しどのような取り組みがなされているのかにあまり関心を払わなかったことだ。

三つ目は、自分が旗頭となっている電力業界の利益を念頭に置き、日本の原子力行政をこの枠組みのなかで行おうとしたことだ。

これらの結果が重なってこの窮地を招いたことは明らかだった。

とくに三つ目の過ちは、これ以後賠償法を作って「免責条項」に対処しなければならない正力に重くのしかかった。この条項が加わるからには、イギリスに代わって誰かが賠償責任を負わなければならない。その誰かとは当然事業者のはずだが、民間企業ではたとえ保険を掛けたとしても、原子力発電所の事故が引き起こす甚大《じんだい》な被害を賠償することはできない。これができるのは国しかない。

しかし、正力は河野と対決してまで民間主体を押し通していた。そうしなければ、自分を押し立てた電力業界の支持を失うからだ。

だが、賠償法作成においてこのことが障害になることは明らかだった。つまり、事業は民間主体なのに被害の賠償だけなぜ国がしなければならないのかということだ。河野が主張したように国が主体となっていれば、この賠償法を作る上でも矛盾はなかったはずだった。

あるいはまた、河野の主張に沿って、十分な時間をかけ、研究と検討をしながら慎重に進めていれば、そもそもこのような問題は存在しなかったといえる。

すべては「原子力の父」正力が播《ま》いた種だった。

この賠償法は原子力損害賠償法という名称となって四年後の一九六一年に成立した。これによって事業者は保険契約し、最高五〇億円まで補償することが義務付けられた。損害がこの限度を越える場合については、「議会が定める範囲内で原子炉設置者が責任賠償するのを援助することができる」と定めた。つまり、事業者の賠償責任は五〇億円までで、それ以上は実質的に国が補償するということだ。

このような矛盾はのちのちまでも尾を引くことになった。すなわち、民間主体でありながら、国も管理責任を負うという二重構造だ。

東京ディズニーランドへの道

一方『わが友原子力』のほうは、一九五七年一二月三日、日本テレビ本社で清水與七郎社長とディズニーのあいだで放映契約が締結された。日本テレビは年も押し詰まった一二月三一日に高松宮を招いて試写会を開いた。その様子を讀賣新聞で伝えていて、翌一月一日の放送と予告した。

皇族も利用したこの宣伝の効果が大きかったためか、元旦という一年で最高の時間枠だったためか、『わが友原子力』の放映は大成功を収めた。ディズニーと合衆国情報局もこれに気をよくしてこの番組を世界中に売り込むことに熱意を燃やした。いうまでもなく、これはジェネラル・ダイナミックス社もアメリカ海軍もともに望むところだった。

原子力委員長としての正力もこの成功を利用した。一九五八年に発行された科学技術庁原子力局の『原子力委員会月報』には原子力教育に役立った映画として『わが友原子力』が挙げられている。

この大成功は連鎖反応を起こした。『わが友原子力』の放映契約は『ディズニーランド』の放映契約につながっていった。同年八月二九日、日本テレビは、金曜日の三菱アワーでディズニー・プロダクションズ製作(ABC放送)の『ディズニーランド』の放送を開始した。といっても隔週放送で、プロレス中継と交互に放送された。これは戦後テレビの一時代を作り、長く記憶される番組枠になっていった。

ディズニーと讀賣グループとの関係はこの後も続く。一九六一年、京成電鉄の川崎千春は浦安沖の埋立地にディズニーランドを建設する構想を抱き、ディズニー・プロダクションズと交渉するためアメリカに渡った。『「夢の王国」の光と影―東京ディズニーランドを創った男たち』によれば、このとき彼とディズニーの間の仲介の労をとったのは正力だったという。

正力は京成疑獄で京成電鉄前社長の後藤圀彦《くにひこ》と浅からぬ縁があった。そこで後藤は川崎を正力のもとに差し向け、仲介を依頼させたのだ。これによって東京ディズニーランドは実現に向けて大きく一歩を踏み出した。

これに刺激されたのか、正力はこの一年あとの一九六二年に、柴田に命じてよみうりランド建設のためにディズニーランドやユニヴァーサル・スタジオを調査させることになる。そしてユニヴァーサル・スタジオ（テーマパークに関してはディズニー・プロダクションズ最大のライバル）の親会社ＭＣＡと提携を結ぼうとするが、この話はいろいろな経緯があったのち流れてしまった。結局、よみうりランドはアメリカの娯楽産業とは手を結ばず独力でいくことになる。

東京ディズニーランドの建設に協力した重要人物としては、大映社長の永田雅一《まさいち》もあげられる。彼はディズニー映画の日本での配給元であり、日本テレビの大株主であるうえ、児玉誉士夫とともに河野派のタニマチでもあったので、ディズニーと正力の双方と結びつきが深かった。ただし、大映は一九七一年一一月に倒産しているので、それ以前の話だ。

東京ディズニーランドは一九八三年に開園するまでかなりの紆余曲折を経ているが、そのたびに助けとなったのはディズニー・正力コネクションだった。一九八六年に柴田がフロリダで客死したあとの葬式に当時オリエンタルランド社長の高橋政知（川崎のあとを受けて東京ディズニーランドを完成させた）が出席したが、彼は弔辞のなかでこのような経緯に触れている。この弔辞は録音されて今も遺族の手元に残っている。

『わが友原子力』の放送に始まる連鎖がなければ、あるいはノーチラス号の進水に始まる連鎖がなければ、テレビ番組『ディズニーランド』も東京ディズニーランドもなかったかもしれない。

第八章　ニュー・メディアとＣＩＡ

足長おじさんを誰にするのか

ＣＩＡは一九五八年になってカラーテレビ受像機に関する正力の要求に応えるために具体的な動きを始めた。一月九日の文書で東京支局は本部に次のように要請している。

東京支局は本部に一〇台のカラーテレビ受像機を購入し、それらを日本へ輸送することを要請する。東京支局はまた、必要な調整は日本ですることができ、受像機の代金の全額は日本の関連機関（日本テレビのこと）が円で支払うことをすでに本部に伝えてある。およそ四〇〇〇ドルが受像機の代金で一〇〇〇ドルが輸送費にかかる。

（中略）

したがって上記目的に一九五八年会計年度の資金五〇〇〇ドルを使いたい。資金は極東支部の現在の予算から支出可能。

予算とは別にCIAにとって解決しなければならない問題があった。それはどのように正力に送るかということだ。一月二四日付文書では「ブラックシップ（出所を明らかにせず送ること）は簡単だが、それではどうしてカラーテレビ受像機が（日本テレビに）あるのか説明がつかないことになる。別の方法を考慮してほしい」と言っている。

裏のルートを使って正力にカラーテレビ受像機を送るのは簡単だが、そうするとカラーテレビ受像機（しかも最新のアメリカ製の）が降って湧いたように街頭にあらわれ、どこから来たのか、とりわけどうやって税関を通ったのか説明できなくなるというのだ。日本テレビ自体がメジャーなメディアだけに、他のメディアはこのことを調べるかもしれない。それでうっかりすると正力とCIAの関係が露見してしまうかもしれない。

そこでCIAはダミーを用意することにした。RCA会長のデイヴィッド・サーノフが日本テレビに寄贈したことにしようというのだ。RCAは日本テレビの姉妹局にあたるNBCの親会社で、当時最も優れたテレビ受像機を作るメーカーだった。また、日本テレビは開局のとき多くのRCA製の機械や設備を入れていた。テレビ番組製作の面でも子会社であるＮＢＣと密接な提携関係を持っていた。したがって、サーノフならば日本テレビにカラーテレビ受像機を寄贈しても不審に思う人はいない。

最終的にカラーテレビ受像機はニューヨークのＲＣＡインターナショナルから五月一四日に陸路サンフランシスコへ送られた。ニューヨークから海路で日本に送るのではなく、陸路サンフランシスコまで送り、そこから船に積んだということで、スピードアップになりかつ三〇八・七七ドル安くなったとＣＩＡ文書は述べている。

日本にはニューヨークから発送されたおよそ一ヶ月後の六月一四日前後に陸揚げされたと見られる。そのあとで正力は約束どおり日本円で代金を支払うのだが、それを伝える電報が本部に届くのは八月二二日のことだ。ＣＩＡのカラーテレビ受像機寄贈作戦はこうして完了した。

正力は、カラーテレビ受像機の代金を支払う前にＣＩＡにまた次の要請をしていた。タイの実業家のサシン・ソムヤン・サラサスがタイでのテレビ事業への参加を正力に求めてきたので、この実業家の財政状況について調査して欲しいというものだ。つまり今度は情報提供を求めたのである（一九五八年七月二四日付文書）。なお、とくに秘密事項ではないため、文中では実名が使われている。

1. 讀賣新聞と指導的テレビ局のオーナーの正力松太郎は最近タイのサシン・ソムヤン・サラサスからアプローチを受けた。タイのテレビ会社が正力の日本の会社と提携を結びたがっている。

2. 東京支局がコントロールできていないが協力的な正力は現在のタイ政府内でのサラサスの影響力がどの程度本物か、財政的状況についてのデータとかなりの額の投資を促進する能力について調べてくれといっている。

このような調査を頼むことは、CIAにマイクロ波通信網のことをほのめかすという意味もあっただろう。つまり、このようにタイからもテレビのことで提携の話がくるのだからマイクロ波通信網計画を支援して欲しいということだ。日本テレビの設備を手がけたユニテル社は、タイにもテレビ放送を含むマイクロ波通信網計画を売り込んでいた。これは正力のものと同じく「太平洋ネットワーク」の一部となるものだった。

サラサスが創ろうというタイのテレビ局は、この意味でも日本テレビの姉妹局にあたる。正力は、タイのテレビ会社の話をすれば、この「太平洋ネットワーク」構想をアメリカ側が思い出し、マイクロ波通信網の意義を再発見してくれると期待したのかもしれない。

ところで、正力はこの頃にはもう大臣の椅子を降りていた。カラーテレビ受像機調達作戦のさなかの六月一二日、第二次岸内閣が成立したが、やはり正力の留任はなかった。もっとも、正力にはそれは織り込み済みのことだっただろう。だからこそカラーテレビやディズニーのことに精力を傾けたともいえる。

この四日後に日英・日米原子力協力協定が調印されているので、これが原子力委員長正力の花道になった格好だ。彼はこのあと再び大臣の椅子に就くことはなかった。

正力の二回目の原子力委員長在任中で特筆すべきことといえば、一九五七年にJRR－1が日本に初めて原子力の灯をともしたこと、同年七月二九日に国際原子力委員会が発足し日本が理事国になったこと、同年一二月七日にJRR－1で国産初のアイソトープが生産されたことが挙げられる。

これらは必ずしも正力が新たに重要な決定を下して実現したことではないが、テレビ事業のかたわらにやってていたことなので、それなりに満足したことだろう。

それに正力はあまり落胆してもいられなかった。CIAから入手したカラーテレビ受像機を使って大々的にPRキャンペーンを張らなければならなかった。いかにも彼らしい創意を発揮して、正力は手に入れたカラーテレビ受像機の数が足りないことを補うため、これらの街頭用のテレビをバンに積み、転々と東京都内の主要ターミナル駅を巡らせながら行きかう人に向けてデモンストレーションした。

このアイディアはすばらしかったので、翌年六月にカラーテレビ事情の視察に来たRCA関係者は深い感銘を受け、我々もこれを取り入れるべきだと本社に帰って報告したほどである。この社外秘の報告書は現在ホールシューセン文書に収められている。

衛星放送の父になり損なう

一九五八年末、CIAは正力の宿願にピリオドを打つことになる或るプロジェクトを持ち込もうとした。宇宙開発と衛星通信だ。一二月五日付文書でCIA東京支局は本部に対して次のように提案している。

(前略)

2. 東京支局はこのような共同プログラム(宇宙平和開発のこと)にはきわめて大き

な心理的効果があると信じる。それは日本の科学に対する熱狂と平和的探検（南極探検に見られるような）に対する熱狂とを組み合わせるものだ。（中略）これは声明発表から（ロケット）打ち上げのあとの華々しい報道にいたるまで、全ての日本人の関心の的になる可能性がある。日本人、とくに若者はカウントダウンの歴史的瞬間、ラジオにかじりつくだろう。またこのような科学的共同企画がアメリカの良好なイメージを高め、強めることで全ての世代に影響を与えるといっても過言ではない。

3．我々の提案は、最初の段階を立ち上げる役割を引き受けるようにという要請をポジャクポットにし、日本側の触媒ならしめ、初期段階のPRをさせるというものだ。

つまり、CIAはテレビ、原子力に続いて今度は宇宙開発でも協力関係を結ばないか、と正力に持ちかけたのである。当時、ヘンリー・M・ジャクソン上院議員がNATOによって軍事目的で打ち上げた衛星を平和目的、すなわち現在いうところの衛星通信・放送にも用いよと提案していた。原子力の平和利用と同じく、軍事目的で始まった宇宙開発と衛星打ち上げを平和目的にも使おうということだ。

実はこの背後には「ミサイルギャップ」とよばれていた厳しい現実があった。

前年の一九五七年一〇月四日、ソ連は人工衛星スプートニク一号の打ち上げに成功した。これによって、宇宙開発においてソ連をリードしていると思っていたアメリカ人は逆に遅れているということを思い知った。ソ連は次いで一一月三日に一号の六倍の重量を持つスプートニク二号を打ち上げ、一号の打ち上げの成功がまぐれではなく、ソ連が着実に宇宙開発を進めつつあるということを強力にアピールした。

しかし、問題は人工衛星の打ち上げ技術にとどまらなかった。一号の打ち上げ成功を知ったアイゼンハワー大統領はホワイトハウスの記者会見でこう述べた。

「ソ連の人工衛星は大陸間弾道ミサイルを完成したことの証明である。それには軍事的な意義がある」

アメリカのシンクタンクも、アメリカはソ連にミサイル開発で後れを取っており、脅威にさらされていると分析していた。ロケット打ち上げ技術の遅れはそのままミサイルギャップを意味し、国防上の欠陥を意味した。「スプートニク・ショック」といわれる社会現象は、このような驚きと恐怖が重なった結果だったのだ。

そこでアメリカ政府は原子力平和利用のときと同じく、NATO諸国とアジアの同盟国にもアメリカの宇宙開発への参加を呼びかけた。その一つの国として日本も選ばれた。一九五六年ころから糸川英夫ら東京大学のグループがロケットの開発を急速に活発化させていたからだ。

ＣＩＡから正力への要請にはこのような背景があった。アメリカからみて正力はこういう時にきわめて重宝な男なのだ。

一九五七年一二月六日、アメリカ海軍は人工衛星打ち上げのためにバンガードを打ち上げたが、発射数秒後に大爆発した。アメリカは真珠湾攻撃以後もっとも暗いクリスマスを送らなければならなかった。ＣＩＡの正力に対する期待はいやが上にも大きくなった。

歴史の皮肉は、このときの正力にはこの科学技術がやがてはマイクロ波通信網計画を葬り去ることになるものだとはわかっていなかったことだ。

彼は、これは単なるロケットの打ち上げで、人工衛星が宇宙空間に留まったとしても、マイクロ波通信網計画やテレビ事業とはなんの関わりもないと思っていた。彼だけでなく、当時の日本人の誰も、ロケット打ち上げがテレビに影響を与えることになるとは想像もしていなかった。だからＣＩＡの要請を受けたものの、政府に対しても、学者に対しても正力はあまり熱心に働きかけなかった。

しかし、彼を先見の明がないと責めることはできないだろう。それから五〇年以上たった現在になってようやく地上波テレビ放送と衛星放送が二項対立の関係にあることを我々も理解し始めているのだから。

また、この時期のCIA文書には、糸川をバックアップしようかという正力の申し出を受けた二人の指導的学者が即座にこれを却下したという興味深いエピソードも記されている。これら二人とは当時の東京大学総長にして前日本学術会議会長の茅《かや》誠司と当時の日本学術会議会長の兼重寛九郎だ。

CIA文書によれば、彼らは正力の申し出に対して「糸川を有名にしたり有力にしたりすることは何もしたくないので熱心ではなかった」そうだ。とくに東京大学総長の茅は糸川が企業からの委託研究費を受け取るのに東京大学を受け皿とせず、個人で受けていることを問題にしたという。

学者側のトップがこの反応では、正力が乗り気にならないのも無理はない。CIAのほうも、調査してみて「日本の過去の行動とこの分野での能力に鑑みてこのプランは現実的で実現可能とは思われず、おそらく調査と研究の段階にとどまるだろう」と判断した。実際、日本のロケット科学者が実用レヴェルでできることはおもちゃのような三段ロケットの打ち上げだけだと糸川自身が認めてもいた。

とすれば、共同開発を持ちかけて、自らの傘下に収めてコントロールするまでもない。それに、アメリカ海軍がバンガードの打ち上げに失敗したあと、翌年の一九五八年一月三一日に陸軍が人工衛星エクスプローラー一号を打ち上げ、こちらは成功していた。

しかし、アメリカはこの成功を手放しで喜べなかった。この人工衛星を打ち上げたのは陸軍弾道ミサイル局だが、ロケットは大陸間弾道ミサイル（ＩＣＢＭ）ではなく、ジュピターＣ（のちジュノー１と改名）と呼ばれる中距離ミサイル（ＩＲＢＭ）をベースとしていた。

その射程距離は一九〇〇キロから四八〇〇キロなので、ソ連全土を射程のなかに収めるわけにはいかない。ミサイルギャップを解消するものではないのだ。

これを解消する期待は、アトラスというジェネラル・ダイナミックス社の航空部門が開発を急いでいた射程距離四八〇〇キロを超える大陸間弾道ミサイルにかけられていた。

このような状況を受けて、ＣＩＡは日本の誘導ミサイルの技術がどうなるかについては今後も監視を続けていくが、宇宙平和開発、とりわけロケット打ち上げについては、もう少し日本人の意識が高まり、機が熟すまで静観することに決めた。

こうしてＣＩＡ―正力ラインによる宇宙平和開発と衛星通信の分野での日米共同研究は先送りされてしまった。

そして、宇宙の平和開発とロケット打ち上げに関するものがＣＩＡ正力ファイルに納められた最後の文書になっている。一九九八年に「ナチ戦争犯罪情報公開法」によって公開されることが決定し、歴史学者のチェックを経たのちに二〇〇五年にアメリカ国立第二公文書館で公開されたこの文書は、これ以降の正力のことについては伝えていない。このあとの部分が公開されるのか、されるとしていつのことになるかはわからない。

エピローグ　連鎖の果てに

一九五九年六月一四日、ディズニーランドの「未来の国」で八隻の原潜の処女航海の祝賀が行われた。ニュー・アトラクション「潜水艦の旅」のオープニング・セレモニーだ。このアトラクションは二五〇〇万ドルをかけて建造され、セレモニーの八日前の六月六日に完成していた。

ウォルト・ディズニーは満面に笑みを浮かべてこう述べた。

「わが社の原子力潜水艦隊をご紹介申し上げます。この艦隊は現在世界最大の規模を誇っております」

祝賀の席にはウォルトのほかに、当時の副大統領リチャード・ニクソンとその家族、アメリカ海軍提督チャールズ・C・カークパトリックが出席した。この模様はＡＢＣのテレビ放送網を通じてアメリカの数千万人のテレビ視聴者に伝えられた。

ディズニーランドのなかでもとくに「未来の国」のアトラクションには、当初からスポンサーがついていたが、「潜水艦の旅」のスポンサーはジェネラル・ダイナミックス社とアメリカ海軍だった。だからこそ、このアトラクションの潜水艦の船体は原潜ノーチラス号と同じく灰色と赤に塗られていたのだ。

それぞれに付けられた名前もノーチラス、トライトン、シーウルフ、スケート、スキップジャック、ジョージ・ワシントン、パトリック・ヘンリー、イーサン・アレンと実際の原潜と同じものになっていた。

このアトラクションは来園者が知らず知らずのうちにジェネラル・ダイナミックス社と海軍に対して良好なイメージを抱くように意図して作られていたとも言えるだろう。「潜水艦の旅」は、『わが友原子力』など科学映画の一部や『ディズニーランド』などテレビ番組の一部と同じく冷戦プロパガンダのメディアでもあったのだ。この灰色と赤が黄色に塗り替えられ、単なる探検船になるのは三〇年近く経った一九八七年のことだ。

アトラクションがオープンしてから三ヶ月して、アメリカ初の大陸間弾道ミサイル、アトラスがバンデンバーク空軍基地に実戦配備された。まだ、発射成功率が八〇パーセント足らずで命中精度にも大いに問題があったが、これでアメリカも一応大陸間弾道ミサイルを保有することになり、ソ連とのあいだの差を詰めた。

　翌一九六〇年の七月にはアメリカのフロリダ州ケープ・カナヴェラル沖でポラリス原潜のミサイル海中発射実験が成功し、こちらの方でミサイルギャップを埋める見通しがついた。

　仮想敵国付近の公海にポラリス原潜を就航させれば、大陸間弾道ミサイルの発射成功率の悪さをそれほど気にしなくともよくなるからだ。命中精度にはやはり問題があったが、これも核兵器を搭載する場合はそれほど問題にはならなかった。

　これはアメリカの対日心理戦にとって大きな意味を持った。すでにアメリカは正力との共同キャンペーンで日本の原水禁・反米運動を沈静化させることに成功していた。残るは、日本政府首脳にアメリカ軍による日本への核兵器の配備を公式に飲ませることだが、大陸間弾道ミサイルとポラリス原潜の配備によって、少なくとも最重点目標ではなくなった。

　正力にとって躓《つまず》きの石であった東海発電所は、これより半年前の一九六〇年一月一六日にようやく着工の運びとなった。コルダーホール型原子炉購入を決定してからすでに四年を経ていた。だが、完成するまでにはさらに六年を費やさねばならなかった。

この発電所の着工の三日後に新日米安全保障条約がアメリカで調印された。その国会承認が、半年後日本に大混乱を引き起こす。この条約に反対するデモ隊が国会突入を試み警官隊と衝突を繰り返した。アイゼンハワー大統領訪日の準備のために六月一〇日訪日したジョゼフ・ハガティー大統領広報官は、羽田から都内に向かう途中でデモ隊に囲まれ、アメリカ海兵隊がヘリコプターで飛んできてようやく救出された。また五日後の一五日、警官隊とデモ隊の衝突のさなか東京大学の学生、樺《かんば》美智子が死亡した。警備に責任が持てないと判断した岸は、ついにアイゼンハワーの訪日を断念した。そして、総理大臣を辞任した。

この新安保条約の要点は、アメリカ駐留軍が、核兵器を含め、兵器を配備するときは日本政府の事前承認を得ることと、条約の有効期間を一〇年とするものだ。これが「作らず、持たず、持ち込ませず」という非核三原則に発展し、岸の実弟の佐藤栄作が一四年後の一九七四年一二月一〇日にこれによりノーベル平和賞を受けることになる。

しかし、前述のように、すでにアメリカはこの条約が締結されても困らないような態勢作りを大陸間弾道ミサイルとポラリス原潜によって完了していた。大陸間弾道ミサイルの開発と同時に、アメリカは人工衛星をソ連とは違った使い方をすることを研究していた。衛星通信だ。ここにはAT&T（アメリカの電話会社）やRCAのような電気通信会社も参入し、民間の衛星通信ビジネスにも門戸が開かれた。

一九六二年七月一〇日、AT&Tはテルスター一号を打ち上げた。これによって宇宙空間の衛星経由で地球上のどの場所にでも情報を送る民生用通信技術が完成した。実はユニテル社がマイクロ波通信の世界的ネットワークを構想していた頃、すでにRCAやGEやAT&Tなどは衛星により宇宙空間を通じて地球上のあらゆるところに電波を送るシステムを研究していたのだ。

これはマイクロ波通信網によって世界をネットワークするというマイクロ波通信網計画を時代遅れのものにした。もはや膨大な数のマイクロ波通信施設を世界中にくまなく作り、それらを維持管理していく必要はなくなったのだ。これにはさぞかし正力も驚いたことだろう。

翌年の一九六三年一一月二三日、日米間で衛星を使った白黒テレビ伝送実験が行われたが、そのさなかにAP通信がケネディ大統領暗殺のニュース映像を送ってきた。それは大統領の不慮の死を嘆き悲しむアメリカ国民、ホワイトハウスへ送られる遺体、ジャクリーヌ夫人と二人の遺児たちの映像だった。それらは北アメリカ大陸と太平洋を越えてリアルタイムで日本に送られてきた。

正力は自分が逃したものの大きさをこのとき直感したに違いない。それこそまさしく正力が長年にわたり手に入れようと苦闘してきたマイクロ波通信網に替わるニュー・テクノロジーでありニュー・メディアだったのだ。

その正力は一九六九年三月二九日には不出馬声明を出し、政界から引退することを決めた。同年の一〇月九日には誰一人みとるものとてなく療養先の国立熱海病院でこの世を去った。享年八四歳だった。

現在、日本テレビは地上波のほかに衛星チャンネルも、BS日テレ、CS日本と二つ持っている。さらには第2日本テレビではインターネットによる「放送」も行っている。

つまり、正力が計画した二三の直営局をマイクロ波通信網で結んだ全国ネットワークによってではなく、衛星とインターネットによって宿願だった全国放送をしている。自分が作った会社の、そして自分が導入したテレビの、今日の姿を見たら、正力は何というだろうか。

さらに正力に聞いてみたいのは、この半世紀のあいだに起こった原子力をめぐる状況の激変についてである。東芝が二〇〇六年一〇月一七日にあのウェスティングハウス社を買収し、世界最大の原発メーカーになった。そして、現在日本の発電量全体に占める原子力の割合は、すでに三〇パーセント台の後半を超えており、近年中に四〇パーセントを突破する勢いだ。地球温暖化を防止しつつ、増加を続ける電力需要を満たすことのできる原子力の重要性は、これまで以上に高まっているといえる。

もう一つだけ、正力に聞いてみたいことがある。東京ディズニーランドのことだ。彼の死後一四年目にこの巨大テーマパークが浦安に開園した。そして、今日に至るまで毎年千数百万人（ディズニーシーを含まない）の入場者を集めている。

巨大広告スペースという面も持つこのテーマパークには、テレビと同じくプロパガンダのメディアという側面がある。もちろん現在は原子力の効能を声高に唱えてはいない。一九八〇年代にもなると、刷り込まれるものは親米・反共プロパガンダというよりもアメリカ的生活様式・消費になっていた。しかしこれもまた一種の、ある意味でより強力な、プロパガンダだということは否定できない。

明治生まれの正力は、今の日本人たちがこれに見事に染まっている現状を見てなんというのだろうか。

あとがき

アマゾンの奥地で蝶が羽ばたき、それがさまざまな自然現象と連鎖を重ねて、カリブ海で巨大ハリケーンとなるという。歴史もそういうものだろう。

「正力マイクロ構想」の挫折が、ノーチラス号の完成、アトムズ・フォー・ピース演説、第五福竜丸事件、アメリカの対日心理戦、保守大合同などと次々と化学反応を起こし、原子力平和利用の日本への導入という歴史的出来事を生み出した。

筆者が魅せられたのも、この歴史的出来事を生み出す連鎖の複雑さ、面白さだ。読者に伝えたかったのもこれにつきる。特定の組織や人をことさら非難しよう、その秘密を暴きたてようという意図はないし、そのように書いたつもりもない。

原発、正力、CIAはよく似ている。その存在を賛美することはできないが、かといって否定することもできないということだ。

個々の日本人がどんなに節電に努めたとしても、日本の電力消費量が下がることはまずないのだから、これからも正力の導入した原発に対する依存は強まると見るべきだろう。

アメリカ、とくにCIAと渡り合いながら、原発の日本への導入を成し遂げ、さらに発行部数一〇〇〇万部の讀賣新聞と数千万人の視聴者を楽しませる日本テレビをあとに残した正力は、皮肉でなしに、昭和の傑物といわねばならないだろう。

CIAなど外国の諜報機関にしても、彼らが「謀略」や心理戦をやめて、外交問題をすべて軍事的手段で解決することにしたら、世界は戦争だらけになるだろう。現実は理想や建前で動いてはいない。

さらにいえば、政府やスポンサーや圧力団体がメディアにいろいろ働きかけるのは、どこの国でも当たり前のことだ。一国の外交部門や情報機関ともなれば、少しでも自国に有利な世論を作り出すよう対象国のメディアを操作しようと全力を尽すのは当然だ。この事実に衝撃を受ける日本人が今日いるとすれば、それは平和ボケというものだ。

今回も多くの人々のお世話になった。とくにアメリカ国立第二公文書館のローレンス・マクドナルド、カール・ムント記念図書館、ボニー・オルソン、ハーバート・フーヴァー大統領図書館、マシュー・シーファー、ハリー・S・トルーマン大統領図書館、デイヴィッド・クラーク、ドワイト・D・アイゼンハワー大統領図書館、デイヴィッド・ヘイト、サンノゼ歴史館、ジム・リードの各位に対し、この場を借りて謝意を表したい。また、適切な助言と援助を下さり、長期にわたって精神的にも支えていただいた新潮新書編集部の後藤裕二氏にも深く感謝申し上げたい。

本書を若くしてこの世を去った妹美也子に捧げる。生きていたら筆者とともにアメリカ中を駆け巡ったことだろう。

二〇〇七年一二月　七ツ森の自宅にて

著者

本書のソース

第一次資料

・ドワイト・D・アイゼンハワー大統領図書館
C.D. Jackson Records, Box6, Folder S.

・「アトムズ・フォー・ピース」関連公式サイト
http://www.eisenhower.archives.gov/speeches/Atoms_For_Peace_UN_speech.html
http://www.eisenhower.archives.gov/dl/Atoms_For_Peace/Atoms_For_Peace.html

・ハーヴァード大学ホートン図書館
Diaries of William Castle 1878-1963, Vol. 52-64, MS Am 2021.

・アメリカ国立第二公文書館
CIA Name Files, The Second Release 2002, Matsutaro Shoriki, ZZ-18, box 9, RG 263.
CIA Name Files, The Second Release 2002, Yoshio Kodama, ZZ-18, box 7, RG 263.
JFK Assassination Records Collection, Lee Harvey Oswald, The CIA, and Mexicocity, JFK, 104-10067-10191.
State of Department Decimal File, 511/94/1-53, box 2535, RG 59.
State Records, Special Assistant for Atomic Energy Files Relating to Atomic Energy Matter, box 2, 420-425, 3008C, RG 59.
United States Information Agency, Country Project Correspondence 1952-63, Japan Correspondence 1955, box 13; Records of the United States Information Agency, Public Opinion Barometer Reports 1955-62, box 1-5, RG 306.

・ハーバート・フーヴァー大統領図書館

Henry Holthusen Papers, box 1-14.
William R. Castle Papers, box 32-36.
・ハリー・S・トルーマン大統領図書館
Harry S. Truman Papers, White House Central Files : Psychological Strategy Board Files, box 8-10, 39.
・アメリカ合衆国外交文書
Foreign Relation of the United States, 1952-1954, Volume XIV.
・国会会議事録、昭和二九年三月二五日衆議院外務委員会、四月一日参議院外務委員会など。
http://kokkai.ndl.go.jp/
・『原子力委員会月報』第三巻第六号、科学技術庁原子力局、一九五八年五月など。
http://www. aec.go.jp/jicst/NC/about/ugoki/geppou/geppou.html
・讀賣新聞、CD-ROMデータベース、昭和三〇年一月一日付社告など。

映像資料

「原発導入のシナリオ―冷戦下の対日原子力戦略―」、NHK、一九九四年三月放送。
"Our Friend the Atom" in Walt Disney Treasures : Tomorrow Land, Walt Disney Company, 2000
Power for Peace, 1956, RG 306, 6019, NARA

第二次資料

阿川秀雄、『私の電波史』、善本社、一九七六年
阿川秀雄、『続　私の電波史』、電波タイムス社、一九九五年
網島毅他述、放送文化基金編、『放送史への証言（I）』、日本放送教育協会、一九九三年

網島毅、『波濤―電波とともに五十年』、電気通信振興会、一九九二年
井川充雄、「原子力平和利用博と新聞社」、津金澤聰廣編著『戦後日本のメディア・イベント』所蔵、世界思想社、二〇〇二年
江戸英雄、『三井と歩んだ70年』、朝日新聞社、一九九四年
大嶽秀夫、『再軍備とナショナリズム』、講談社学術文庫、二〇〇五年
大野伴睦、『大野伴睦回想録：義理人情一代記』、弘文堂、一九六四年
片柳忠男、『創意の人』、オリオン社出版部、一九六一年
梶井剛追悼事業委員会編、『梶井剛遺稿集』、電気通信協会、一九七九年
岸信介、『岸信介回顧録』、廣済堂出版、一九八三年
栗田直樹、『緒方竹虎』、吉川弘文館、二〇〇一年
河野一郎、『今だから話そう』、春陽堂書店、一九五八年
児玉誉士夫、『悪政・銃声・乱世』、廣済堂出版、一九七四年
佐野眞一、『巨怪伝』、文春文庫、二〇〇〇年
柴田秀利、『戦後マスコミ回遊記』、中央公論社、一九九五年
正力松太郎著、大宅壮一編、『悪戦苦闘』、早川書房、一九五二年
竹前栄治、『GHQの人びと』、明石書店、二〇〇二年
筒井清忠、『石橋湛山：自由主義政治家の軌跡』、中央公論社、一九八六年
戸川猪佐武、『昭和の宰相』第五巻、講談社、一九八二年
長尾和郎、『正力松太郎の昭和史』、実業之日本社、一九八二年

中曽根康弘、『政治と人生』、講談社、一九九二年
野口恒、『「夢の王国」の光と影—東京ディズニーランドを創った男たち』、TBSブリタニカ、一九九一年
原彬久編、『岸信介証言録』、毎日新聞社、二〇〇三年
御手洗辰雄、『三木武吉傳』、四季社、一九五八年
御手洗辰雄、『伝記　正力松太郎』、大日本雄弁会講談社、一九五五年
三好徹、『評伝　緒方竹虎』、岩波現代文庫、二〇〇六年
鳩山一郎・薫、『鳩山一郎・薫日記』、中央公論新社、一九九九年
鳩山一郎、『鳩山一郎回顧録』、文藝春秋新社、一九五七年
ハワード・B・ションバーガー、袖井林二郎訳、『ジャパニーズ・コネクション』、文藝春秋、一九九五年
室伏高信、『テレビと正力』、講談社・一九五八年
柳沢恭雄、『検閲放送』、けやき出版、一九九五年
山崎正勝・奥田謙造、「ビキニ事件後の原子炉導入論の台頭」、『科学史研究』第四三巻、二〇〇四年
山田栄三、『正伝　佐藤栄作』、新潮社、一九八八年
共同通信社編、『歴代郵政大臣回顧録』第二巻、逓信研究会、一九七三年
原子力開発十年史編纂委員会編、『原子力開発十年史』、日本原子力産業会議、一九六五年
原子力開発三十年史編集委員会編、『原子力開発三十年史』、日本原子力文化振興財団、一九八五年
自由民主党広報委員会出版局編、『秘録・戦後政治の実像：自民党首脳の証言で綴る風雪の30年』自由民主党広報委員会出版局、一九七六年
逓信外史刊行会編、『逓信史話』、電気通信協会、一九六二年

日本原子力産業会議編、『日本の原子力』上・下、日本原子力産業会議、一九七一年

日本テレビ放送網編、『大衆とともに25年』、日本テレビ放送網、一九七八年

讀賣新聞社編、『ついに太陽をとらえた』、讀賣新聞社、一九五四年

Allison, John M., *Ambassador from the Prairie*, Houghton Mifflin, 1973.

Cheng, Hamilton, *The Establishment of Taiwan Telecommunications from 1950 to 1976 for Serving the U. S. Semiconductor Assembly Industry*, Master Thesis, Carleton University, 1994.

Davies, Roy, *The Story of Man under Sea*, Naval Institute Press, 1995.

Fowler, John, *Prince of the Magic Kingdom: Michael Eisner and the Remaking of Disney* (John Wiley & Sons, 1991).

Heinz, Harber, Our Friend the Atom, New York: Simon and Schuster, 1956.

Ed. Niven, John, Courtland Candy, and Vernon Welsh, *Dynamic America*, General Dynamic Corporation and Doubleday, 1961.

Rodengen, Jeffrey L., *The Legend of Electric Boat* (Lauderdale: Write Stuff Syndicate, 1994).

Ed. Smith, Dave, *Disney A to Z*, (New York: Hyperion, 1996).

Thomas, Bob, *Building A Company: Roy O. Disney and the Creation of an Entertainments Empire* (New York: Hyperion, 1998).

年表

※（　）内の数字は本文での頁を指す

一九四六年	八月一日	一九四六年原子力法成立（37）
一九四九年	八月二九日	ソ連、原爆実験に成功
一九五〇年	一月三一日	トルーマン大統領水爆開発を指令（38）
	六月一九日	アメリカ上院軍事委員会、原子力潜水艦建造を承認
一九五一年	六月一一日	鳩山一郎、脳溢血で倒れる
	七月　三日	アメリカ、沖縄に核ミサイル陸揚げ（53）
	八月二一日	ジェネラル・ダイナミックス社、アメリカ海軍との間に世界初の原子力潜水艦ノーチラス号の建造の契約を結んだことを発表
一九五二年	四月二四日	ホプキンス、三社を統合してジェネラル・ダイナミックス社創設
	一一月　一日	アメリカ、マーシャル諸島のエニウェトク環礁で水爆実験に成功（38）
一九五三年	八月一二日	ソ連、水爆実験に成功（38）
	八月二八日	日本テレビ、放送開始（14）
	九月　末	「正力マイクロ構想」についての怪文書がばら撒かれる（20）
	一一月　六日	衆議院電気通信委員会で、日本テレビに関する怪文書が読み上げられる（20）
	一一月　七日	CIA極東支部、前項の動きを受けて「ポダルトン（正力マイクロ波通信網建設支援工作）」実施の見直しを本部に要請
	一一月二五日	アメリカ、日本を含む国外への核配備について検討
	一二月　七日	正力、衆議院に参考人招致を受ける（20）
	一二月　八日	アイゼンハワー大統領、国際連合総会で「アトムズ・フォー・ピース」演説（39）

	一二月三一日	アメリカ、地対地戦術核ミサイル、オネストジョンを沖縄に配備（53）
一九五四年	一月	アメリカ国務省、「原子力発電の経済性」を日本政府に送ってくる（41）
	一月 一日	讀賣新聞が大型連載「ついに太陽をとらえた」開始（47）
	一月二一日	原子力潜水艦ノーチラス号進水（7）
	三月 一日	第五福竜丸、ビキニ環礁でアメリカの水爆実験により被災する（50）
	三月 四日	原子力予算案、衆議院本会議通過（44）
	四月二三日	日本学術会議、「核兵器研究の拒否と原子力研究の三原則」を決定（43）
	五月 九日	「水爆禁止署名運動杉並協議会」が結成される（53）
	五月一一日	原子力利用準備調査会設置決定（緒方竹虎会長、愛知揆一副会長）（85）
	六月二三日	国務省の強い勧告で、統合参謀本部は当分の間日本には核抜きの配備をすることを承認（69）
	八月 八日	ジュネーヴで第一回原子力平和利用国際会議が開かれる。急速に盛り上がった原水爆禁止署名運動を背景として東京・国労会館で、原水爆禁止国民大会が開催される
	八月一二日	讀賣新聞、新宿の伊勢丹で「だれにでもわかる原子力展」を開く（二二日まで）（54）
	八月三〇日	「アトムズ・フォー・ピース」を受けて一九四六年原子力法改定（54）
	九月二三日	第五福竜丸無線長久保山愛吉、原爆症のため死亡（71）
	九月三〇日	原子力潜水艦ノーチラス号、洋上航行を始める（34）
	一〇月二二日	国務省、原水禁運動を受けて、ジョン・アリソン駐日大使に対日心理戦の実施見直しを指示（66）
	一一月二四日	日本民主党結党（31）
	一二月 一日	ホプキンス、アメリカ製造業者協会で「原子力のマーシャル・プラン」を発表（55）

	一二月　三日	参議院電気通信委員会で「我国電波政策に関する決議」が通る（27）
	一二月一〇日	第一次鳩山内閣成立
	一二月二五日	最初の海外原子力調査団出発
	一二月三一日	柴田、CIA局員に「原子力平和利用使節団」招聘についての資金援助を依頼（58）
一九五五年	日付不明	ホプキンス、ジェネラル・ダイナミックス社に原子力平和利用のためのジェネラル・アトミック部門を造る
	一月　三日	ノーチラス号、原子力航行を開始（原子炉が臨界に達したのは前年一二月三〇日）
	一月一一日	アメリカ、井口駐米大使に原子力要員の訓練、濃縮ウラン提供等を申し出る（80）
	二月　二日	「原子力の平和利用」（日本テレビ報道部製作）放送
	二月二七日	正力、衆議院議員に初当選（81）
	三月二七日	日本テレビ、映画『原子未来戦』放送（83）
	四月二九日	原子力平和利用懇談会（経団連）発足（86）
	五月　九日	原子力平和利用使節団（ホプキンス・ミッション）来日（86）
	五月一一日	「原子力平和利用講演会」テレビ中継（日本工業倶楽部）（86）
	五月一三日	「原子力平和利用講演会」テレビ中継（日比谷公会堂）（86）
	五月一九日	原子力利用準備調査会、米国からの濃縮ウラン受け入れ等を決定
	六月二一日	日米原子力協定仮調印
	七月二三日	世界第二の原子力潜水艦シーウルフ（ジェネラル・エレクトリック社建造）進水
	八月　八日	ジュネーヴで第一回原子力平和利用国際会議が開催される。（二〇日まで）（179）

	八月二〇日	アメリカ、地対地戦術核ミサイル、オネストジョン（ただし核抜き）日本に配備
	八月二三日	重光外相訪米、八月二八日ワシントンで岸、河野と合流（109）
	一〇月二三日	正力―大麻唯男会談（二四日も）。保守合同のあと正力を総理大臣にすることを約束（127）
	一〇月二八日	財団法人原子力研究所設立発起人総会（日本工業倶楽部、石川一郎経団連会長）
	一一月　一日	原子力平和利用博覧会（116）
	一一月一五日	保守大合同成る（28）
	一一月一七日	正力、アイゼンハワー大統領に原子力平和利用博覧会に対する礼状を書く（130）
	一一月二二日	第三次鳩山内閣成立。正力、国務大臣に就任
	一一月三〇日	財団法人原子力研究所設立（日本工業倶楽部、石川一郎経団連会長）
	一二月　八日	正力、アメリカに、マニラに建設が予定されているアジア原子力センターを日本に建設するように要請（132）
	一二月一六日	原子力基本法成立
	一二月二六日	日米原子力協定調印
一九五六年	一月　一日	正力、初代原子力委員長に就任。原子力三法実施、原子力委員会、総理府原子局発足（146）
	一月　二日	新春座談会「原子力を語る」、日本テレビで放送
	一月　五日	正力、五年後には実用規模の原子力発電所を建設すると発言（146）
	一月一四日	アメリカ原子力委員会、ストローズ委員長、正力発言を支持
	一月一六日	アメリカ原子力委員会、日本に対して天然ウラン四トン、重水四トンの売却に同意
	一月二八日	緒方竹虎急死（150）

	三月　一日	日本原子力産業会議発足
	四月	正力、ＣＩＡ局員と直接接触（157）
	四月　五日	自由民主党総裁選挙で鳩山一郎が初代総裁に選出される（154）
	四月　六日	原子力委員会、茨城県東海村を日本原子力研究所の敷地として選定（155）
	五月一六日	クリストファー・ヒントン英国原子力公社産業部長来日（163）
	五月一七日	「原子力発電の技術的諸問題講演会」（東京會舘）、日本テレビで放送（163）
	五月一九日	正力、科学技術庁長官に就任。科学技術庁発足（154）
	七月　四日	三木武吉死去（190）
	八月一〇日	原子燃料公社発足。日本原子力研究所東海研究所起工式
	九月二七日	原子力委員会、アメリカ政府に三五万ドルの原子炉開発援助を申し入れる
	一〇月一五日	原子力委員会訪英視察団出発（団長、石川一郎）（176）
	一一月一九日	正力、訪英視察団の中間報告に基づきコルダーホール型輸入の意向表明（191）
	一二月二〇日	鳩山内閣総辞職。正力、原子力委員長・科学技術庁長官の椅子を降りる。ＮＨＫ、ＵＨＦカラーテレビ実験局開局
	一二月二三日	石橋湛山内閣成立。原子力委員長に宇田耕一（193）
一九五七年	日付不明	ジェネラル・ダイナミックス社、ポラリス開発に着手
	一月　三日	「脚光をあびる原子力平和利用座談会」、日本テレビで中継
	一月一七日	訪英視察団、最終報告でコルダーホール型を評価
	一月二三日	ＡＢＣ、ディズニー・プロダクションズ製作の『わが友原子力』をアメリカで放送

二月　六日	正力、日本テレビ会長に就任（195）
二月二五日	第一次岸信介内閣成立（195）
三月二八日	「原子力講習会」中継（エスヤホール）
三月二九日	湯川秀樹、原子力委員辞任
四月一一日	電源開発株式会社、原子力発電に参入を正式表明（199）
四月一八日	日本テレビ、カラー放送申請（195）
五月	九電力会社で「原子力発電振興会社」を作ることを決定（199）
五月一三日	「日米原子力産業合同会議」日本テレビで中継（産経ホール）
六月	長期防衛計画で超音速ジェット戦闘機三〇〇機を国産で生産することを決定（205）
七月一〇日	第一次岸信介改造内閣成立。正力、科学技術庁長官・原子力委員長に返り咲く（198）
七月二九日	国際原子力委員会発足。日本は理事国に選ばれる（225）
八月	次期主力戦闘機候補機種選定のためにアメリカに調査団を派遣
八月一三日	正力―河野論争終る
八月二七日	JRR－1が臨界に達する。日本に初めて原子力の灯がともる（225）
九月	正力、来日したロイ・ディズニーに『わが友原子力』の日本での放送を申し入れる
九月一八日	「原子力第一号実験炉（JRR－1）完成祝賀会」、日本テレビで中継（203）
九月二〇日	糸川英夫ら東京大学グループが秋田で国産ロケット一号カッパー4型の打ち上げに成功（229）
一〇月　一日	国際原子力機関（IAEA）、ウィーンで設立総会を開く

	一〇月　四日	ソ連、人工衛星スプートニク一号の打ち上げに成功（228）
	一一月二八日	上院外交委員会委員バーク・ヒッケンルーパーと外交委員会顧問ヘンリー・ホールシューセン、正力を訪問（208）
	一二月　三日	ディズニーと日本テレビの間で『わが友原子力』放映契約成立（218）
	一二月　六日	アメリカ海軍、人工衛星打ち上げロケット、バンガードの打ち上げに失敗（229）
	一二月一七日	正力、ＣＩＡに街頭用カラーテレビ一〇台の手配を要求（210）
	一二月一九日	田中角栄郵政大臣主催のカラーテレビ懇談会が開催される（213）
	一二月二六日	日本テレビ、カラーテレビ放送予備免許取得（213）
	一二月二七日	日本テレビ、カラーテレビ実験放送開始（213）
一九五八年	一月　一日	日本テレビ、『わが友原子力』を放送（218）
	一月三一日	アメリカ陸軍（弾道ミサイル局）、エクスプローラー一号打ち上げに成功（231）
	四月一二日	国防会議で次期主力戦闘機をグラマンF11とすることを内定
	六月一二日	第二次岸内閣成立。正力、原子力委員長・科学技術庁長官の地位を下りる（225）
	六月一六日	日英・日米原子力協力協定（動力協定）調印（一二月五日発効）（225）
	七月一〇日	正力、日本テレビ会長に復帰
	八月二二日	国会休会中にもかかわらず、衆議院決算委員会で次期主力戦闘機の不明朗な決定について審議を始める
	八月二九日	日本テレビ、『ディズニーランド』放送開始（218）
一九五九年	六月	ジェネラル・ダイナミックス社の航空部門がアメリカ初の大陸間弾道ミサイル、アトラスを完成
	六月　六日	ディズニーランドに「潜水艦の旅」が完成（233）

一九六〇年	一月一六日	東海発電所（イギリス製コルダーホール型原子炉）着工（235）
	一月一九日	新日米安全保障条約調印（236）
	六月一八日	新日米安全保障条約自然成立
	七月二〇日	ポラリス原潜、ミサイルの海中発射実験成功（235）
	九月　二日	日本テレビ、カラーテレビ放送の正式免許取得
一九六二年	七月一〇日	AT&T、通信衛星テルスター一号打ち上げ成功（237）
一九六六年	七月二五日	東海発電所運転開始（235）
一九六九年	三月二九日	正力、総選挙不出馬声明を出し、政界引退を決める（238）
	一〇月　九日	正力、療養先の国立熱海病院でこの世を去る。享年八四歳（238）
一九九八年	三月三一日	東海発電所閉鎖

有馬哲夫　1953（昭和28）年生まれ。早稲田大学教授（メディア論）。著書に『中傷と陰謀　アメリカ大統領選狂騒史』『日本テレビとCIA　発掘された「正力ファイル」』など。

Ⓢ新潮新書

249

原発《げんぱつ》・正力《しょうりき》・CIA

機密文書《きみつぶんしょ》で読《よ》む昭和裏面史《しょうわりめんし》

著　者　有馬哲夫《ありまてつお》

2008年2月20日　発行
2022年9月15日　10刷

発行者　佐藤隆信

発行所　株式会社新潮社

〒162-8711　東京都新宿区矢来町71番地
編集部(03)3266-5430　読者係(03)3266-5111
http://www.shinchosha.co.jp

印刷所　株式会社光邦

製本所　加藤製本株式会社

ISBN978-4-10-610249-3　C0221

価格はカバーに表示してあります。